Jürgen Graeser

Auf dünnem Eis

PREMIERE

Jürgen Graeser

Auf dünnem Eis

Die Klima-Expedition zum Nordpol
Ein Tagebuch

HERDER
FREIBURG · BASEL · WIEN

Originalausgabe

www.herder.de

Satz:
Weiß-Freiburg GmbH – Graphik & Buchgestaltung
Herstellung: CPI Moravia Books, Pohorelice

Gedruckt auf umweltfreundlichem, chlorfrei gebleichtem Papier
Printed in Czech Republic

ISBN 978-3-451-03023-9

Inhalt

Vorwort

Im September 2007 wurde über dem Arktischen Ozean die niedrigste Meereisausdehnung seit Beginn der Satellitenmessungen im Jahre 1979 beobachtet. Das Rekordminimum lag damit noch einmal 20 Prozent unter dem des Jahres 2005 und die Herbsttemperaturen fielen im Vergleich zum langjährigen Mittel um 6 Grad höher aus. Der extrem große Verlust von arktischem Meereis im Sommer 2007 resultierte aus einem ungewöhnlich stabilen Bodenluftdruckmuster, das zu Eisexporten aus der zentralen Arktis in den Atlantischen Sektor führte und die arktischen Wärmetransporte und die Wolkenbedeckung veränderte.

In diese spannende Phase der arktischen Klimaentwicklung fiel die Suche nach einer geeigneten Eisscholle für die 35. Nordpoldriftstation. Im Rahmen des Internationalen Polarjahres 2007–2008 hatten russische Wissenschaftler des Arktis-Antarktis-Forschungsinstituts St. Petersburg (AARI) erstmals die internationale Wissenschaftsgemeinschaft zur Teilnahme an einer russischen Driftstationsexpedition eingeladen. Jürgen Graeser stellte sich als erster Ausländer und erster Deutscher der faszinierenden Aufgabe, die Atmosphäre über der zentralen Arktis während der Polarnacht zu erforschen.

Wissenschaftler der AWI Forschungsstelle Potsdam hatten bereits seit 1992 einen starken Fokus auf Messungen und Modellierungsarbeiten in der Arktis gelegt, da die Arktis eine der wesentlichen Schlüsselregionen für die Klimaentwicklung des blauen Planeten darstellt. Natürliche Variabilität und anthropogene Beeinflussung wirken dabei in sehr komplexer Weise zusammen und erzeugen eine ausgeprägte Variabilität auf Zeitskalen von Jahrzehnten.

Gegenwärtige Klimamodelle sind, anders als ständig behauptet, mit zahlreichen Unsicherheiten behaftet, wobei die größten Defizite in den Polarregionen auftreten. Erst, wenn wir die grundlegenden Prozesse in der Arktis, basierend auf besseren Daten und verbesserten Modellen, verstehen, können wir grundlegende Fehler ausmerzen und glaubwürdigere Klimaszenarien entwickeln. Natürliche Variationen können anthropogen erzeugte Signale verstärken oder abschwächen und erschweren durch diese Maskierung die Trennung des anthropogenen Klimasignals von natürlichen Klimavariationen. Die arktische Klimaentwicklung wird nicht nur durch die Dynamik der großskaligen Zirkulationsmuster und anthropogene Anregungsmechanismen beeinflusst, sondern auch durch starke regionale Rückkopplungsprozesse bestimmt.

Dies war die Motivation, die 1937 beginnende Expertise der russischen Wissenschaftsgemeinschaft auf im arktischen Eis driftenden Stationen zu nutzen und eine Renaissance derartiger Messungen in enger Verbindung mit neuen Modellierungsansätzen zu versuchen. Jürgen Graeser hat als Mitglied der 21-köpfigen russischen 35. Nordpol-Driftexpedition sieben Monate auf einer treibenden Eisscholle in der Arktis verbracht und dabei Beobachtungsdaten aus einer Region gewonnen, die normalerweise während des arktischen Winters unzugänglich und damit weitgehend unerforscht ist. Aufstiege mit einem Fesselballon bis in 400 Meter Höhe sowie ballongetragene Sondenaufstiege bis in 30 Kilometer Höhe lieferten einzigartige Messwerte, die dazu beitragen werden, gegenwärtige Klimamodelle für die Arktis entscheidend zu verbessern.

Prof. Dr. Klaus Dethloff
AWI Sektionsleiter «Atmosphärische Zirkulation»

Der Traum vom Nordpol wird wahr

Russland lädt das AWI ein

Das größte Abenteuer meines Lebens begann für mich bereits im April des Jahres 2006. Während einer Messkampagne auf Spitzbergen erhielt ich aus Potsdam eine E-Mail mit der Frage, wie viel Strom unsere Anlage für die Ballonsondierungen verbrauchen würde. Am Alfred-Wegener-Institut würde für den Sommer 2007 über ein Projekt zur Beteiligung an einer Driftstation nachgedacht. Bei mir klingelten sofort alle Alarmglocken. Die Beteiligung an solch einem ambitionierten Projekt wäre eine echte Herausforderung für mich! Ich verpasste es nicht, in meine Antwort-Mail einen direkten Hinweis auf mein Interesse an dieser Expedition einfließen zu lassen. Bevor die nächsten Informationen bis zu mir durchsickerten, herrschte mehrere Wochen Schweigen. Dann erfuhr ich, dass das AARI in St. Petersburg unser Kooperationspartner sein sollte. Die Kommunikation meiner Leitung mit den russischen Kollegen schien jedoch nicht gerade flott vonstattenzugehen. Nicht ohne Hintersinn erkundigte ich mich einige Monate später noch einmal nach dem Projekt. Wenn wir bis zum Sommer 2007 in die Pötte kommen wollten, müssten wir sehr schnell mit den Vorbereitungen der Expedition beginnen. Der erste persönliche Kontakt meiner Leitung mit den russischen Kollegen brachte zunächst mehr Fragen als Antworten. Das ursprünglich angedachte Projekt, eine zwei- bis dreimonatige Sommerkampagne durchzuführen, war so nicht mehr realisierbar. Die Planung der russischen Logistik ließ letztendlich nur eine Überwinterung zu.

Während meine Chefs noch verhandelten, sondierte ich bereits die Lage in unserer Logistikabteilung. Mit welchen Materialien und Gerätschaften aus unserem großen Ausrüstungslager könnten wir eine russisch-deutsche Driftexpedition unterstützen? Zumindest schienen die meisten Ausrüstungsgegenstände, an die ich gedacht hatte, auch verfügbar zu sein. Gut so, denn inzwischen gab es bereits die ersten Vorstellungen darüber, wer im AWI für die Expedition welche Ausrüstung bereitstellen sollte.

Es war fast schon Winter geworden, als plötzlich wieder Bewegung in die Angelegenheit kam. Während ich in Ny-Alesund (Spitzbergen) beschäftigt war, hatten meine Chefs eine Einladung zu weiteren Gesprächen nach St. Petersburg erhalten. Natürlich hätte ich gerne an diesen Verhandlungen teilgenommen. Inzwischen war uns klar geworden, dass außer mir kaum ein anderer Potsdamer Wissenschaftler für diese Expedition in Frage kam. Den Ausschlag gaben vor allem fachliche Gründe. Kaum einer meiner Kollegen verfügt über soviel praktische Erfahrungen mit den verschiedenen Arten von Ballonsondierungen wie ich, schon gar nicht unter arktischen Bedingungen. Allerdings erklärte sich auch kein anderer Kollege bereit, ohne Wenn und Aber an einer derartig langen und ungewöhnlichen Polarexpedition teilzunehmen.

Und dieses Mal kehrten meine Chefs nicht mit leeren Händen aus St. Petersburg zurück. Zwischen dem AWI und dem AARI war eine Vereinbarung erzielt worden, welche die Teilnahme eines Deutschen an der NP-35-Driftstation – so der offizielle Name der Expedition – vertraglich sicherte. Die Öffnung der legendären russischen Eisdriftstationen für einen Ausländer ist wissenschaftspolitisch eine kleine Sensation. Auf der praktischen Ebene der Expeditionsvorbereitung konnten nun endlich Nägel mit Köpfen gemacht werden. In den nächsten Monaten würde ich mit der Vorbereitung alle Hände voll zu tun haben. Allerdings musste ich noch bis Weihnachten auf Spitzbergen bleiben, um die laufende Kampagne zu Ende zu bringen. Die ersten Schritte auf dem Wege der Expeditionsvorbereitung führten mich bereits im Januar wieder nach Spitzbergen, diesmal allerdings nach Longyearbyen. An der dortigen Universität nahm ich an einem speziellen Kurs teil, der auf die Bewältigung spezieller Expeditionsrisiken ausgerichtet war. Es ging um die allgemeine Sicherheit unter polaren Bedingungen, Rettungs- und Überlebensmaßnahmen standen ebenso auf dem Programm wie die Erste Hilfe bei Unfällen und Erkrankungen. Der Kurs fand unter realen Bedingungen statt, d. h. in der Polarnacht und teilweise auch bei richtig schlechtem Wetter. Selten habe ich einen Kursus erlebt, der so praxisnah war. Im Anschluss ging es wieder nach Ny-Alesund. Eine weitere Messkampagne stand an, dazu die alljährlichen Wartungsarbeiten. Vor Ort konnte ich damit beginnen, einen Teil meiner Expeditionsausrüstung zusammenzustellen. Das AWI verfügt zwar über einen ganz ansehnlichen Forschungsetat, dennoch war es der Forschungseinrichtung nicht möglich, die gesamte Expeditionsausrüstung neu zu beschaffen. Was auf der Spitzbergen-Station für NP-35 irgendwie entbehrlich war, wurde von mir konserviert und für den Abtransport vorbereitet. Einen Großteil des Materials und die meisten Gerätschaften würden wir noch neu anschaffen müssen. Ich konnte nur hoffen, dass mir die Beschaffungsbürokratie keinen Strich durch die Rechnung machen würde. Und schon jetzt ahnte ich, dass die Zeit für die Expeditionsvorbereitung sehr knapp bemessen war. Bis zur Verladung der Container standen mir keine sechs Monate mehr zur Verfügung.

Kaum von Spitzbergen zurückgekehrt, führte meine nächste Reise in die Neva-Stadt St. Petersburg. Es war Mitte März und ich lernte den AARI-Logistikchef Vladimir Sokolov sowie den designierten Expeditionsleiter Alexeij A. Wisnewskij kennen. Auch der Stellvertreter des Expeditionsleiters für wissenschaftliche Aufgaben, Sergeij Lesenkow, wurde in die Gespräche einbezogen. Die russische Leitung stellte mir außerdem Sergeij und Vasja vor, zwei jüngere Kollegen, die mich bei meiner zukünftigen Arbeit auf der Scholle unterstützen sollten. Die Verhandlungen selbst gestalteten sich etwas schwierig und kamen oft nur zäh voran. Damit hatte ich aber schon gerechnet, schließlich war es das erste Mal, dass sich unsere Partner zu einer internationalen Zusammenarbeit auf einer russischen Drifteisexpedition durchgerungen hatten. Nach drei Verhandlungstagen waren die wichtigsten Eckpunkte für das praktische Vorgehen abgesteckt und ich hatte endlich Klarheit darüber, wie es weitergehen sollte.

Wieder in Deutschland angekommen, musste ich mich voll und ganz auf die Expeditionsvorbereitung konzentrieren. Für jede größere Anschaffung von Ausrüstungsgegenständen – und es ging um einige hundert Positionen – musste zunächst eine sachgerechte Vorauswahl getroffen werden. Dann hieß es, Angebote einzuholen und die Verwaltung in Gang zu setzen. Das Beschaffungsverfahren war mühselig und zeitaufwendig. Und da der Verlauf der Expedition sich nicht nach den Planungszeiträumen richtete, standen dem AWI zunächst keine ausreichenden Haushaltsmittel zur Verfügung. Zahlreiche Investitionen waren auf Eis gelegt worden, um zur Konsolidierung der öffentlichen Haushalte beizutragen. Die Durchführung des Projektes war also bereits in seiner Vorbereitungsphase gefährdet und ich hegte ernsthafte Zweifel, ob die Expedition überhaupt noch realisierbar war. Was dem Projekt letztlich zugutekam, war, dass es auf einer bilateralen Vereinbarung zwischen dem AARI und dem AWI beruhte und in das Internationale Polarjahr fiel. Für internationale

Forschungsprojekte stehen die Chancen, auch kurzfristig Mittel freigegeben zu bekommen, etwas besser. Also erst einmal aufatmen! Dennoch, die umfangreichen Vorschriften für die Beschaffung von Materialien und Gerätschaften mussten eingehalten werden. Und zwischen der Forschungsstelle Potsdam und dem Hauptsitz Bremerhaven konnten, was die Geschwindigkeit von eilbedürftigen Entscheidungen betrifft, manchmal kleine Ewigkeiten liegen. Einige unserer Bestellungen konnten wir erst so spät abschicken, dass die Hersteller unmittelbar vor der Verschiffung der Container lieferten.

Nach und nach trafen die Materiallieferungen ein. In einem unserer Potsdamer Laborräume standen die Aluminiumboxen bereit, so dass wir mit der Verstauung eines Teils der Fracht beginnen konnten. Bald türmten sich dort Kartons, Kisten und Paletten. Ich schaffte mir – mit freundlicher Unterstützung des Instituts – einen mir ausreichend erscheinenden Vorrat an Nahrungsmitteln und Getränken an. (Zum Glück sollten sich meine Befürchtungen, dass Schmalhans Küchenmeister die Versorgungslage auf der Scholle bestimmen würde, nicht bestätigen.) Und meine Kollegen warfen hin und wieder belustigte Blicke in das zweckentfremdete Labor, das eher einem großen Warenlager glich.

Für die Bereitstellung meiner Expeditionsgüter bei der AWI-Logistikabteilung, deren Kollegen die Fracht sachgerecht in Container stauen sollten, war die dritte Juniwoche vorgesehen. Eine Terminvorgabe, die mir zeitweilig den Angstschweiß auf die Stirn trieb. Mehrfach war ich bei den Reisevorbereitungen an die Grenzen meiner organisatorischen Fähigkeiten gestoßen. Zuletzt mussten noch die vielen Transportkisten gepackt werden. Und so eine Kiste ist etwas anderes als ein Reisekoffer. Die Zusammenstellung ihres Inhalts muss anhand der Aufgabenstellungen erfolgen, die Kisten dürfen für den Transport nicht zu schwer sein und jedes eingepackte Teil muss akribisch in die bereitliegenden Transportlisten eingetragen werden. Ohne diese Listen geht absolut nichts! Sie werden zunächst für die Zollabfertigungen benötigt, während der Expedition zeigen sie, an welcher Stelle welche Sachen zu finden sind. Das kann in kritischen Situationen überlebenswichtig sein.

Da ich mich außerstande sah, die Berge an Material noch rechtzeitig zu verpacken, organisierte mein Chef, Klaus Dethloff, in seiner unkonventionellen Art schnell Hilfe. Moritz, einer unserer Doktoranden, der später auch auf die von mir gewonnenen Daten zurückgreifen wollte, wurde mir zur Seite gestellt. Ohne akademischen Allüren krempelte er sofort die Ärmel hoch und gemeinsam trugen wir den gewaltigen Stapel an Ausrüstung ab. Wir packten Kisten zusammen, erledigten letzte Einkäufe, führten Transporte nach Bremerhaven durch und tippten uns an den Packlisten beinahe die Finger wund. Bald stand die letzte Ladung für die Packstelle in Bremerhaven bereit. Unser kleiner Transporter wurde bis auf den letzten Sitzplatz mit Hilfskräften und bis unter die Decke mit Ausrüstung beladen. Bevor wir aber nach Bremerhaven fuhren, mussten wir einen Abstecher nach Köln machen, wo schon das Ballonzelt zur Endabnahme bereitstand. Ich wollte mir noch einmal seinen Aufbau zeigen lassen und war beeindruckt von der Größe und dennoch einfachen Handhabung des Zeltes. Es würde seinen Zweck bestens erfüllen.

Freitagmittag erreichten wir die Packstelle im Hafen von Bremerhaven. Die gesamte Fracht sollte für Montag früh verladebereit sein. Wir waren offenbar ein wenig spät dran, denn die Kollegen hatten ihre Arbeitswoche beinahe beendet und wollten das Lager bald schließen. Wir mussten uns sputen. Inzwischen waren auch die Sondierungsanlage sowie die dazugehörigen Verbrauchsmaterialien angeliefert worden. Nun hieß es, jedes einzelne Packstück nochmals zu nummerieren und genau abzuwiegen. Jede Position musste mit exaktem Gewicht und Abmaßen in einer Liste vermerkt werden. Nahezu 100 Packstücke mit 2900 kg Gesamtgewicht kamen für meine Expedition zusammen. Kein Wunder, dass wir an der einen oder anderen Stelle die Übersicht verloren und eine Nummer falsch aufgeklebt hatten. Anhand eines Vergleichs mit den Listen deckten wir die Fehler auf und korrigierten sie, bevor daraus ein größeres Problem entstehen konnte. Schließlich hinterließen wir den Kollegen im Hafenlager einen ganz ansehnlichen Stapel an Frachtgut zur weiteren Stauung.

Nachdem alle Pack- und Frachtlisten fertiggestellt waren, wurden sie auch an unsere Kollegen im AARI gesandt. Dort mussten sie übersetzt werden, um die Zollabwicklung auf der russischen Seite zu ermöglichen. Dann kam die erste wirklich böse Überraschung. Es erreichte mich eine E-Mail aus St. Petersburg, die russischen Behörden könnten sich an den Lebensmitteln in meiner Fracht stören, weswegen ich aufgefordert wurde, sie aus der Fracht auszusondern. Ich wagte gar nicht daran zu denken, welche Konsequenzen der Verzicht auf meine Lebensmittelvorräte mit sich führen könnte. Bereits in zwei Tagen lief die «Akademik Fedorow» in Kiel ein, auf der die Ausrüstung zur Scholle gebracht werden sollte. Die Container waren inzwischen komplett gepackt, versiegelt und standen unter Zollaufsicht. Selbst beim besten Willen wäre es nicht mehr möglich gewesen, die Fracht komplett neu zusammenzustellen. Das teilte ich meinen russischen Partnern mit und man versprach mir, eine Lösung zu finden. Bereits seit März hatten wir darauf gedrängt, die Container als Transitware zu deklarieren. Sie sollten – auch wenn NP-35 ein echter russischer Außenposten werden würde – ja nicht wirklich in die Russische Föderation eingeführt werden. Doch offenbar hatte bei den Petersburgern niemand einen Gedanken daran verschwendet, sich darum zu kümmern. Es herrschte Funkstille und ich wiegte mich in der Hoffnung, dass alles seinen russischen Gang gehen werde.

Es sollte für mich jedoch nicht der letzte Aufreger in Sachen Logistik gewesen sein. Mit einigen Tagen Verspätung lief die «Fedorow» in Kiel ein, um die Expeditionsfracht an Bord zu nehmen. Um sicherzugehen, dass meine Sachen auch wirklich verladen werden, wollte ich an diesem Tag vor Ort sein. Vorsorglich hatte ich mit dem Schiffsagenten Kontakt aufgenommen und mit ihm alles Nötige vereinbart. Seit dem frühen Morgen war ich auf dem Wege nach Kiel, zeitgleich mit meinem Container, der von Bremerhaven aus nach Kiel befördert wurde. Es sollte der heißeste Tag des Jahres werden und ich befürchtete, dass meine Lebensmittelvorräte bei der brütenden Hitze Schaden nehmen könnten. Auf halbem Weg erreichte mich eine neue Hiobsbotschaft. Mein Chef Roland rief mich aus Potsdam an, meine Container seien zwar wohlbehalten beim Schiff angekommen, doch die Frachtpapiere fehlten. Eine Zwangspause auf einem Parkplatz und langwierige Telefonate folgten. Mit Rolands Hilfe schaffte ich es, dass die Papiere aufgetrieben und per Fax an das Schiff übermittelt wurden. Staubedingt kam ich erst am Nachmittag im Kieler Hafen an. Und fast auf den Punkt wurden die Transportschlitten, die Behälter mit dem Ballongas, das Zelt und diverse Baumaterialien angeliefert. Kaum auszudenken, was passiert wäre, wenn die Lieferungen nicht pünktlich eingetroffen wären. Bis auf meine Container stand die gesamte Ausrüstung auf der Pier. Besorgt stellte ich fest, dass meine Container auf dem Oberdeck der «Fedorow» festgezurrt worden waren. Immerhin sollte das Schiff zunächst in Richtung Nordpol auslaufen und ich befürchtete, dass Teile der Ausrüstung und des Proviants durch die Kälte Schaden erleiden würden. Ich trieb den Bootsmann auf und vereinbarte mit ihm, dass meine beiden Container am nächsten Tag unter Deck umgestaut werden. Den Schiffsagenten bat ich, am nächsten Tag noch einmal genau zu überprüfen, ob auch wirklich die gesamte Ausrüstung an Bord der «Fedorow» gelangt war. Nach all den Zwischenfällen konnte ich mich halbwegs beruhigt auf den Heimweg nach Potsdam begeben.

Vor meiner Abreise im Spätsommer gab es in Sachen Logistik nicht mehr viel für mich zu tun. Ich nutzte die Gelegenheit für ein paar Wochen Urlaub. Im Süden wollte ich Sonne und Wärme tanken, bevor es dann für einige Monate ab in Richtung Nordpol gehen würde.

Von Friedjof Nansen bis Nordpol 35

Im Herbst des Jahres 1884 fiel dem berühmten Polarforscher Fridjof Nansen ein Aufsatz aus dem norwegischen *Morgenbladet* in die Hände, der ihn förmlich elektrisierte. An der südwestlichen Küste Grönlands waren unter dem angeschwemmten Treibgut Gegenstände gefunden worden, die eindeutig einem amerikanischen Expeditionsschiff, der «Jeannette», zuzuordnen waren. Der Dampfsegler war 1879 bei seiner Suche nach der verschollenen Nordenskiöld-Expedition vor der Herald-Insel vom Eis eingeschlossen worden. Nach fast zweijähriger Drift bis zu den Neusibirischen Inseln versank das von den Eismassen zerquetschte Schiff am 12. Juni 1881 etwa 800 Kilometer nördlich der Lena-Mündung in den eisigen Fluten des Nordpolarmeeres. Etwa drei Jahre später trieben einzelne Wrackteile etwa 2900 Kilometer vom Unglücksort entfernt an der Küste Grönlands an. Nansen sah in diesem – wie auch in anderen Funden – keinen Zufall, er vermutete die Existenz einer relativ beständigen starken transpolaren Strömung. Mit seinem kühnen Fram-Projekt, mit dem er die Eisverhältnisse in unmittelbarer Nähe zum Nordpol erkunden wollte, kann er noch heute als der geistige Vater aller polaren Driftexpeditionen betrachtet werden.

Durch die Polarforschung konnte inzwischen nachwiesen werden, dass im Arktischen Ozean zwei Hauptströmungen existieren, mit denen auch die Meereismassen driften. Die bereits von Nansen vermutete Transpolardrift führt von den Sibirischen Schelfmeeren (Laptewsee, Karasee) aus in nordwestliche Richtung durch den zentralen Arktischen Ozean. Nach einer längeren Westpassage, die dicht unter dem Nordpol vorbeiführen kann, gelangt das Eis dann auf südlichem Kurs durch die Framstraße in die Grönlandsee. Von hier aus wird es durch die Dänemarkstraße weiter bis zur Südspitze Grönlands und teilweise auch darüber hinaus bis in die Gewässer vor Labrador und Neufundland verfrachtet.

Der später entdeckte Beaufortwirbel, der lange Zeit auch als Pazifischer Wirbel bezeichnet wurde, bewegt sich im Uhrzeigersinn vor den Nordküsten Grönlands, Kanadas und Alaskas. Er benötigt im Schnitt fünf Jahre für eine Umdrehung, wobei die tatsächliche Umlaufzeit des Eises vom Radius seiner Bahn abhängt: außen bis zu zehn Jahre, in seinem Inneren etwa drei bis vier Jahre. Für den Verlauf der NP-35-Expedition wird es nicht nur von entscheidender Bedeutung sein, wo eine passende Eisscholle gefunden wird, sondern auch, welcher der beiden polaren Eiswirbel ihre Drift bestimmen wird. Unsere Wunschroute ist die Transpolardrift. Schließlich wollen wir mit unseren Untersuchungen einen möglichst weiten Raum abdecken. Es wäre für den Verlauf der Expedition weniger günstig, wenn wir uns im kleinen Radius des Beaufortwirbels bewegen würden. Die wesentlich längere Strecke von der Osthälfte des Arktischen Ozeans über den Nordpol zu seiner Westhälfte wäre hingegen ideal.

Die Sowjetunion hatte mit der von ihr entwickelten Methode, Forschungsexpeditionen auf driftenden Eisschollen abzusetzen, wesentlichen Anteil an der Erforschung der Eisverhältnisse im Nordpolarmeer. Am 21. Mai 1937 wurde der russische Polarforscher Iwan Dimitrijewitsch Papanin zusammen mit drei weiteren Begleitern von einer schweren viermotorigen Transportmaschine des Typs Tupolew TB-3, die speziell für arktische Verhältnisse konstruiert worden war (ANT-6), etwa zwanzig Kilometer vom Nordpol entfernt abgesetzt. Drei weitere Lufttransporte brachten zeitweise bis zu 43 Personen und deren Ausrüstung auf die erste sowjetische Eisdriftstation. Eine ihrer Aufgaben bestand darin, einen Notlandeplatz für den ersten Transpolarflug von Moskau nach Vancouver vorzubereiten, der am 20. Juni 1937 durch Valeri Tschkalow durchgeführt werden konnte.

Mit Nordpol 1 (Severnij Poljus) begann eine ganze Serie spektakulärer Langzeitexpeditionen zur Erforschung der Arktis. NP-1 driftete 274 Tage lang 2500 Kilometer weit bis in die Grönlandsee. Die wissenschaftlichen Aufgaben der Expedition waren in ihrer Bandbreite durchaus mit den heutigen vergleichbar, die Forscher beobachteten die Witterungs- und Strömungsverhältnisse, den Eisgang und führten geomagnetische und Meerestiefenmessungen durch. Sie gewannen darüber hinaus astronomische und ökologische Erkenntnisse. Ihre Beobachtungen wurden mehrfach täglich von ihrer Funkstation aus über eine Relaisstelle auf der Rudolf-Insel (Franz-Joseph-Land) an den Weltwetterdienst gemeldet. Als die Expedition am 19. Februar von dem Eisbrecher «Taimyr» aufgenommen wurde, war die kurz vor dem Zerfall stehende Basisscholle von NP-1 nur noch etwa dreißig Meter breit.

Der 2. Weltkrieg verhinderte weitere Unternehmungen dieser Art. Erst im April 1950 konnte mit «Nordpol 2» unter Michail Somow an den Erfolg der ersten Expedition angeknüpft werden. Der Weg von NP-2 führte über ein Jahr lang von einer Position nordwestlich der Wrangelinsel über eine Strecke von annähernd 2600 Kilometern. Die Station beendete am 11. April 1951 bei 81.45 N, 167.48 W ihren Dienst. Im Jahre 1953 nahmen zwei Stationen gleichzeitig ihre Arbeit auf. Mit NP-10 brachte erstmalig ein Schiff – der Atomeisbrecher «Lenin» – Besatzung und Ausrüstung an den Ausgangsort einer Driftexpedition. Schiffstransporte ermöglichten es, die driftenden Polarstationen wesentlich umfangreicher mit Ausrüstung auszustatten als zuvor, darunter mit transportablen Generatorenstationen und Raupenschleppern.

Die meisten NP-Stationen durchquerten den Arktischen Ozean auf der Route der Transpolardrift, sie hatten damit eine Lebensdauer von zwei bis drei Jahren. Mehrere Stationen drifteten im Beaufortwirbel und wurden zumeist nach einer Umrundung beendet. Ohne die Stationen wären wissenschaftliche Veröffentlichungen wie der «Atlas des Nordpolarmeeres» (1980) oder der «Atlas der Arktis» (1985) undenkbar gewesen. Ob die NP-Stationen neben wissenschaftlichen auch militärischen Zwecken dienten, bleibt für Außenstehende im Dunkeln. Unter den Bedingungen des Kalten Krieges werden eine Reihe der bei den Messungen gewonnenen meteorologischen und ozeanologischen Daten sowohl für zivile Zwecke als auch für die in der Arktis operierenden Einheiten der sowjetischen Armee verwendbar gewesen sein. Die Drift von NP-22 war mit einer Lebensdauer von neun Jahren rekordverdächtig. Die Station nahm am 13. September 1973 ihren Dienst auf und legte eine Strecke von insgesamt 17 069 Kilometern zurück, zunächst durch die Gewässer nördlich von Kanada und Alaska, anschließend mit der Transpolardrift über den Nordpol in Richtung Framstraße. Die Station beendete am 8. April 1982 ihren Dienst. Der Zusammenbruch der Sowjetunion führte zu starken Verwerfungen innerhalb der Polarforschung und brachte nach NP-31 auch eine zeitweise Unterbrechung der

Driftexpeditionen mit sich. Erst nach der Stabilisierung der wirtschaftlichen und politischen Situation der Russischen Föderation konnte wieder daran gedacht werden, Driftexpeditionen auszurüsten. Infolge der Klimaerwärmung könnten in den polaren Regionen neue wirtschaftliche Ressourcen in einer bislang ungeahnten Größenordnung erschlossen werden. Die Aufrechterhaltung der «Lufthoheit» über den traditionell von Russland beanspruchten Schelfsektoren des Arktischen Ozeans ist deshalb für die derzeitige russische Regierung von erheblichem strategischen Interesse. Die Wiederaufnahme der NP-Driftexpeditionen ist damit nicht nur von wissenschaftlichem Interesse geprägt, sondern dokumentiert auch den Willen der Russischen Föderation zur Verteidigung ihrer traditionellen politischen und wirtschaftlichen Interessenssphären. Umso höher ist die Bereitschaft der russischen Seite einzuschätzen, im 4. Internationalen Polarjahr eine NP-Driftstation für die russisch-deutsche Forschungskooperation zu öffnen.

Das äußere Erscheinungsbild einer NP-Station wird durch Dutzende Fertighäuser und Zelte bestimmt. Bis auf wenige Ausnahmen werden die Häuser zugleich als Wohnraum und als wissenschaftliche Laboratorien genutzt. Das «Fundament» der sogenannten Balogs besteht aus Kufen und Bodenpaneelen, sodass ein Haus mit einer Zugmaschine schnell aus dem Gefahrenbereich von Eisspalten evakuiert werden kann. Zu einer Station gehört eine Küche mit angrenzendem Gemeinschafts- und Speiseraum, eine Krankenstation, die Funkstation, das Haus für den Dieselgenerator, ein Dampfbad, dazu gibt es Werkstätten, den Fuhrpark (Raupenschlepper und Skooter) sowie mehrere Proviantlager. Für den Notfall werden oftmals um die Station herum mehrere Notdepots für Treibstoff, Proviant und Schlauchboote eingerichtet. Über der Station erheben sich die Masten der verschiedenen Sende- und Empfangsanlagen, der Stromversorgung und der Beleuchtung. Ein Flaggenmast darf natürlich nicht fehlen. Die wichtigsten Einrichtungen der Station werden durch Trampelpfade im Schnee, die Lagerstraßen, miteinander verbunden. Entsprechend den Möglichkeiten wurden bei Bedarf auch Landeplätze für Transportflugzeuge oder Hubschrauber angelegt. NP-35 wird von deutscher Seite aus durch einen großen Zelt-Hangar ergänzt, der einem Fesselballon zwischen den Aufstiegen Schutz vor der Witterung bieten soll.

Auch nach dem dramatischen Ende von NP-1 kam es bei NP-Expeditionen zu Zwischenfällen durch Eisbruch, in besonderen Notfällen mussten die Standorte der Station gewechselt oder diese auch evakuiert werden. Im März 2004 geriet die Besatzung von NP-32 etwa 150 Kilometer vom Nordpol entfernt in höchste Eisnot. Durch den gewaltigen Eisdruck hatten sich auf der Basisscholle zunächst dicke Packeistürme zusammengeschoben, dann hatte das Eisfeld seine Stabilität verloren und innerhalb von nur anderthalb Stunden waren vor den Augen der entsetzten Besatzung mehr als ein Dutzend Baracken und Container in der See versunken. Vier Tage lang musste die Crew in den Trümmern der Station auf ihre Rettung warten. Alle zwölf Besatzungsmitglieder und die zwei Hunde konnten lebend geborgen werden. Das deutsche Forschungsschiff «Polarstern» stieß im August 2004 durch Zufall auf einen Teil der durch die russischen Forscher auf dem zertrümmerten Eisfeld zurückgelassenen Ausrüstungsgegenstände. Mit Zustimmung der russischen und dänischen Behörden gelang es der Besatzung unter großen Risiken, den größten Teil der umweltgefährdenden Materialien, darunter Traktoren und mehrere hundert Fässer mit Treibstoff und Abfällen, zu bergen. Auch die Evakuierung des sogenannten Sommercamps, eine Sondierungsexpedition für NP-35, geschah im August praktisch in allerletzter Minute von der bereits in weitgehender Auflösung begriffenen Eisscholle.

Trotz aller technischen Möglichkeiten ist das Verhalten der Scholle und damit auch der Verlauf der Expedition auch heute noch nicht sicher zu prognostizieren.

Das Mess- und Forschungsprogramm der NP-35-Expedition wird sehr breit angelegt sein. Die russischen Arbeitsteams werden neben den üblichen meteorologischen Routinemessungen (Temperatur, Luftdruck, Windgeschwindigkeit und Luftfeuchtigkeit) Untersuchungen in den oberen und tieferen Meeresschichten, dem Meereis und der Schneebedeckung durchführen. Die atmosphärischen Sondierungen werden durch Messungen von Spurengasen wie Kohlendioxid und Ozon ergänzt.

Für mich stehen vor allem zwei Aufgabengebiete auf dem Plan. Mit Hilfe unseres Fesselballon-Systems werde ich die meteorologischen Parameter der sogenannten «planetaren Grenzschicht», das ist die unterste Schicht der Atmosphäre bis ca. 1500 Meter Höhe, messen. In der Arktis treten gerade in dieser Schicht häufig Temperaturinversionen auf. In den verschiedenen Luftschichten herrschen verhältnismäßig starke Temperaturunterschiede, die vertikale Zirkulation der Luft wird unterdrückt. Die genaue Messung dieser Grenzschicht ist für die Entwicklung von Klimamodellen von großer Bedeutung. Wir hoffen, durch die Messungen die Rahmenbedingungen und Wechselbeziehungen für die bestehenden Modelle weiter präzisieren zu können.

Die von mir gewonnenen Daten sollen in ein komplexes regionales Klimamodell eingegeben werden, das durch meine Kollegen am AWI in Potsdam genutzt und entwickelt wird (HIRHAM). Identifizierte Druck-, Temperatur- und Windfelder dienen der Identifizierung von Tiefdruckgebieten (Zyklonen) und ihren Zugbahnen durch die arktischen Regionen. Zyklone und andere Oberflächenbedingungen wie Meereisbedeckung oder Wassertemperatur wirken dabei in verschiedenster Weise aufeinander ein.

Außerdem will ich Ozonsondierungen durchführen. Dazu werden mit Helium gefüllte Ballons in die Stratosphäre aufgelassen. Sie können dort Höhen bis zu dreißig Kilometer erreichen und senden die gewonnenen Daten per Funk zu unserer Station. Diese Messungen sind nicht nur für Wissenschaftler, sondern auch für die Bevölkerung auf der gesamten nördlichen Halbkugel von großer Bedeutung für die zukünftigen Lebensverhältnisse. Ist doch die Ozonschicht der natürliche UV-Schutz unseres Planeten.

Wir konnten in den letzten Jahren feststellen, dass es nicht nur in der Antarktis, sondern auch in der Arktis jedes Jahr zu schweren Ozonverlusten kommt (sogenannte Ozonlöcher). Auch über Europa nimmt die Dicke der Ozonschicht zeitweise ab. Der Ozonverlust ist zwar noch nicht so dramatisch wie auf der südlichen Halbkugel, schädliche Auswirkungen durch die Einwirkung von ultravioletten Strahlungen, die durch das Ozon absorbiert werden würden, sind jedoch nicht auszuschließen. Die Wissenschaft hat festgestellt, dass die Dicke der arktischen Ozonschicht wesentlich variabler ist als in der Antarktis. Ein Teil der Schwankungen ist durch natürliche Phänomene erklärbar, ein anderer Teil durch die menschliche Zivilisation bedingt. Mit unseren Forschungen über die Zusammenhänge all der natürlichen und menschlich initiierten Prozesse, stehen wir aber immer noch am Anfang. Mit den uns bekannten Kenntnissen kann, grob geschätzt, vielleicht die Hälfte beobachteten Jahresschwankungen erklärt werden. Bei einigen Prozessen wären wir froh, wenn wir die Fragezeichen an der richtigen Stelle gemacht haben. Sie gelten, in der Sprache der Wissenschaft ausgedrückt, als «unverstanden» oder sind uns – wenn wir ehrlich sind – derzeit in ihren Wirkungszusammenhängen noch völlig unbekannt.

Ein Weg, um an möglichst aussagefähige Daten zu den Ozonveränderungen zu gelangen, ist die sogenannte

MATCH-Methode. Die Idee dieser Methode beruht darauf, dass die Luftbewegung von einem Ort, an dem bereits eine Ozonmessung durchgeführt worden war, für mehrere Tage vorausberechnet wird. Dann wird versucht, eine zweite Sonde in dasselbe «Luftpaket» zu schicken und die in der Zwischenzeit erfolgten Änderungen seiner Zusammensetzung zu erfassen. Zwei nacheinander erfolgte erfolgreiche Messungen ein und desselben «Luftpakets» werden als «MATCH» – zu deutsch «Treffer» – bezeichnet. Im Rahmen einer mehrmonatigen MATCH-Kampagne können einige hundert oder mehrere tausend solcher Messungen erfolgen. Voraussetzung für ein MATCH ist, dass sich das erstmals beprobte Luftpaket innerhalb eines relativ kurzen Zeitraums über eine zweite Radiosondenstation hinwegbewegt, von der aus eine zweite Sonde gestartet werden kann. Der Besatzung der zweiten Station bleibt nur ein schmales Zeitfenster, um mit ihrer Sonde genau dasselbe Luftpaket präzise treffen und beproben zu können. Bei einer großen Dichte von Messstationen und einem eingespielten Team von Wissenschaftlern ist es inzwischen relativ leicht, durch die Anwendung der MATCH-Methode wissenschaftlich auswertbare Datensätze zu erlangen. In den letzten Jahren haben in der arktischen Region bis zu 36 Stationen an derartigen Kampagnen teilgenommen. Während die Messdichte zwischen Alaska und Spitzbergen inzwischen recht hoch ist, ist das nördlich von Sibirien gelegene Segment des Arktischen Ozeans in den Polarnächten bislang ein «weißer Fleck» für MATCH geblieben. Auch im Winter 2007/08 wird es im Umkreis von einigen hundert Seemeilen um NP-35 herum mit hoher Wahrscheinlichkeit keinerlei weitere betriebsbereite Radiosondenstationen geben. Unter derartigen Bedingungen ein MATCH zu erzielen, wird nicht einfach werden.

Für jede MATCH-Kampagne ist eine Rechenstelle und eine zentrale Koordinationsstelle erforderlich. Der Datenaustausch zwischen der Koordinierungsstelle (AWI Potsdam) und einer Station wie NP-35 erfolgt größtenteils über E-Mail. Aufgrund der relativ zeitaufwendigen Vorbereitungsprozedur, die für den Start einer Ozonsonde notwendig ist, erhalte ich zunächst einen «Voralarm». Mit diesem «Alert» wird ein möglicher Sondenstart angekündigt, der aufgrund von zwei- bis dreitägigen meteorologischen Vorhersagedaten ein MATCH erwarten lässt. Ich kann mich also einige Stunden vor einem Start auf die Vorbereitungen einstellen. Mit der «Confirmation» erhalte ich dann präzisierte Daten, unter anderem eine optimale Startzeit sowie ein Zeitfenster, innerhalb dessen noch nach der MATCH-Methode auswertbare Daten zu erwarten sind. Dass diese Zeitfenster nicht in meinen üblichen 14- bis 16-Stunden-Tag fallen oder sich gar an gutem Wetter orientieren werden, liegt auf der Hand. Wann immer die Witterungsumstände und die Umstände auf NP-35 es zulassen werden, haben Messungen im Rahmen der MATCH-Kampagne Priorität vor allen anderen Aufgabenstellungen.

Um meinen Kollegen auf der Koordinationsstelle und den anderen Messstationen in der Arktis die Möglichkeit zu geben, meine eigenen Messergebnisse zu MATCHes weiterzuentwickeln zu können, muss ich die von mir bei regulären Sondenaufstiegen erzielten Messreihen möglichst rasch, d. h. innerhalb von wenigen Stunden, aufbereiten und nach Potsdam senden.

Die MATCH-Methode wurde erstmals im Winter 1991/1992 angewendet, wir stehen also noch ziemlich am Anfang unserer Forschungen. Wenn es uns gelingen sollte, von NP-35 aus wenigstens ein paar Dutzend brauchbare Messsätze zu gewinnen, die zur Erklärung der «dynamischen Prozesse» innerhalb der Ozonschicht in der Arktis beitragen können, dann würde sich der ganze Forschungsaufwand bereits lohnen. Davon bin ich fest überzeugt.[1]

Die NP-35-Expedition fällt in das 4. Internationale Polarjahr (IPY) 2007/2008. Während der Kampagne wollen mehr als 50 000 Wissenschaftler aus über sechzig Staaten Erkenntnisse darüber gewinnen, welchen Einfluss die Arktis und die Antarktis auf das Klima und das Ökosystem der Erde haben. Die Bedeutung dieser Forschungen möchte ich nur kurz anhand von zwei Erscheinungen verdeutlichen. Wenn das Festlandeis weiter abschmilzt, wird sich der Meeresspiegel anheben. Schon jetzt ist absehbar, dass in der Folge riesige dichtbesiedelte Küsten- und Deltagebiete unbewohnbar werden könnten. Wenn der arktische Dauerfrostboden weiter auftaut, werden große Mengen an Methan freigesetzt, eines der wirkungsvollsten Klimagase, das zu einer weiteren Erwärmung der Atmosphäre führen könnte.

Das 1. Internationale Polarjahr fand bereits 1882/1883 statt und wurde durch den österreichischen Marineoffizier Carl Weyprecht initiiert. Bis zu diesem Zeitpunkt war die Polarforschung sehr stark durch nationales Prestigedenken dominiert. Angeregt durch den deutschen Wissenschaftler J. Georgi, nahmen fünfzig Jahre später (1932–1933) 47 Nationen am 2. Internationalen Polarjahr teil. Bis zum 3. Polarjahr, dem Internationalen Geophysischen Jahr 1957/58, an dem sich bereits 67 Nationen beteiligten, vergingen wiederum 25 Jahre. In den Zwischenperioden haben zwei furchtbare Weltkriege der internationalen Wissenschaftszusammenarbeit immensen Schaden zugefügt und die Menschheit damit um

[1] *Aleksej W. Turchin und Nikolaj A. Kornilow: Drift: Russische Eisdriftstationen in der Arktis. In: Arktis – Antarktis. Kunst- und Ausstellungshalle der Bundesrepublik Deutschland, Bonn 1997, S. 36–42.*

mögliche Erkenntnisfortschritte beraubt. Auch in der Zeit der Blockkonfrontation behinderten militärische Aspekte die internationale Zusammenarbeit auf dem Gebiet der Geowissenschaften. Angesichts der bevorstehenden globalen Krisen ist es umso wichtiger, dass die Staaten heute die richtigen umweltpolitischen Prioritäten setzen und ihre – im Vergleich zu den gigantischen Rüstungsetats doch sehr bescheiden anmutenden – Forschungsressourcen in gemeinsamen Projekten zum Nutzen der Menschheit bündeln. Obwohl die internationale Zusammenarbeit im Bereich der Arktisforschung in den letzten Jahrzehnten immer stabiler geworden ist, liegen geschlagene dreißig Jahre zwischen dem 3. und dem 4. IPY.

Auch die deutsch-russische polare Forschungskooperation kann auf eine längere Geschichte zurückblicken. So hatte das deutsche Luftschiff «Graf Zeppelin» im Jahre 1931 von der sowjetischen Regierung die Erlaubnis erhalten, die sowjetische Arktis zu erkunden. Es sollte dabei auch Franz-Joseph-Land anfliegen. Der spätere Vater von NP-1, Iwan Papanin, wartete dort mit einem Eisbrecher auf das Luftschiff, um es mit Post zu beliefern und für den Rückflug auszustatten.

Seit 1956 beteiligten sich Forscher aus der DDR regelmäßig mit eigenen Forschungsprogrammen an sowjetischen Polarexpeditionen. Auf Exkursionen des sowjetischen Forschungsschiffs «Michail Lomonossow» und Hochgebirgsexpeditionen und im Pamir und dem Tienschan konnten sie erste wissenschaftliche und logistische Erfahrungen sammeln. Ab der 5. sowjetischen Antarktisexpedition 1959/1961 bis zur ersten eigenständigen Antarktisexpedition der DDR 1987/89 nahmen ostdeutsche Wissenschaftler regelmäßig an russisch geführten Erkundung des Arktischen Kontinents teil.

Aufbruch nach Tiksi

Endlich ist es soweit. Der Tag meiner Abreise nach Russland bricht an. Die letzte Woche ist an Hektik kaum noch zu überbieten gewesen. Immer wieder rattern die langen Listen mit den Materialpositionen durch meinen Kopf. Ich habe bei der Vorbereitung von Expeditionen schon eine gewisse Routine, aber ein mehrmonatiger Aufenthalt auf einer Scholle inmitten der menschenfeindlichen Arktis ist doch etwas völlig anderes als der Besuch einer Forschungsstation, die im Notfall in nur ein paar Stunden per Flugzeug oder Schiff zu erreichen ist. Jeder noch so kleine Fehler bei der Expeditionsvorbereitung kann sich später bitter rächen. Das Gros der Ausrüstung ist ohnehin schon unterwegs. Letzte Kleinigkeiten kommen mit ins Reisegepäck.

Ich habe kaum Gelegenheit, mich in Ruhe auf meine Arbeit zu konzentrieren. In meinem Büro im AWI klingelt das Telefon im Fünfminutentakt – Freunde, Kollegen, Fernsehen, Rundfunk und diverse Zeitungen versuchen, mich noch einmal zu erreichen. Als Wissenschaftstechniker möchte ich eigentlich nur meine Arbeit erledigen – aber das Interesse am Kälteschrank Arktis scheint derzeit riesig zu sein. Also mache ich gute Miene, gewähre Interviews, bereite PR-Projekte vor und schaue mir schon mal die Videotechnik an, die mir der RBB-Potsdam für Aufnahmen aus der Arktis zur Verfügung gestellt hat. Einige meiner Freunde frotzeln bereits herum, dass der letzte Dreh vom Besuch der hungrigen Eisbärin auch wirklich in die Kiste kommt. Ich möge in einer solch einmaligen Situation nicht etwa weglaufen! Mit meinen Erfahrungen aus Spitzbergen kann ich sie beruhigen: «Bärenmütter ziehen zur Winterszeit in einer Höhle ihre Jungen groß – wenn überhaupt, dann kommt Meister Petz höchstpersönlich.»

Was mir die meisten Sorgen bereitet, ist der schier unüberschaubare Stapel an Reisegepäck. Stundenlang sortiere ich ihn hin und her. Am Ende bleiben dann doch etwa hundert Kilo übrig, die mir für die lange Schiffspassage durch das Eismeer und als Erstausstattung für NP-35 als unverzichtbar erscheinen. Nach einer etwas unruhigen Nacht ist der Samstagmorgen dann schon wieder fast Routine. Ein letztes Frühstück, die Wohnung für die Abreise klarmachen, Sachen fassen, meinen Kumpel einsammeln, der mich zum Flughafen bringen will, und schon geht die Fahrt ab zum Airport Berlin-Schönefeld. Mit meiner Unmenge an Gepäck, es sind zwei Reisetaschen, eine Alubox, zwei Seesäcke, ein Koffer für die Computer, zwei Taschen für die Foto- und Videoausrüstung sowie ein Rucksack, bin ich gut beraten, rechtzeitig vor dem Abflug einzuchecken. Einige der kurz nach mir eingetroffenen Fluggäste mustern verstohlen meinen Hofstaat. Die Rechnung für das Übergepäck treibt mir einen kalten Schauer über den Rücken, aber es ist ja nicht mein Geld. Dann gibt es noch eine kleine Überraschung. Meine Kollegin Siggi kommt vorbei, um mich persönlich zu verabschieden. Sie hat für mich einen kleinen Talisman mitgebracht, ein indianisches Lederband mit einer kleinen Keramikperle. Während meiner Abwesenheit wird sie ein ähnliches Band an ihrem Handgelenk tragen.

Der Flug nach St. Petersburg verläuft völlig normal. Nach knapp zweieinhalb Stunden schwenkt der Airbus auf dem Domestic-Airport der Neva-Stadt ein. Gepäckausgabe, Passkontrolle und zu meiner Erleichterung sogar der Zoll verlaufen unproblematisch und zügig. Dann die erste Überraschung der anderen Art: Im Bereich des gesamten Terminals steht nicht ein einziger Gepäckwagen zur Verfügung. Ich schiebe meine zwei Zentner Gepäck Stück für Stück in kleinen und überschaubaren Etappen vom Terminal zum Ausgang, wo mich bereits ein Taxi zum Hotel erwartet. Die Fahrt vom Flughafen Pulkovo bis zu meinem Hotel dauert eine knappe Stunde und führt durch die ganze Stadt. Der ganze Trubel der Anreise fällt schlagartig von mir ab. Verglichen mit den sowjetischen Zeiten sind die Veränderungen des Stadtbildes in den Hauptstraßen von St. Petersburg unübersehbar. Es ist bunter geworden im Venedig des Nordens, aber wohl auch um einiges hektischer. Mit meinen bescheidenen Kenntnissen an Schul- und Expeditionsrussisch stehe ich wenigstens nicht wie ein Analphabet da. Ich kann mich schnell orientieren. Einschneidend wird mir aber auch bewusst, dass es von nun an kein Zurück mehr geben wird. In meinem Hotel habe ich ein schönes Zimmer mit Blick in Richtung der Neva-Mündung bekommen. Noch einmal erlebe ich den europäischen Standard, genehmige mir genüsslich eine lange und warme Dusche. Mehrfach geht mir der Gedanke durch den Kopf, dass in einigen Tagen nur noch sehr wenig von dem, was mir jetzt noch als völlig normal erscheint, meinen Lebensalltag bestimmen wird.

Am frühen Abend treffe ich mich ein letztes Mal vor der Abreise mit den beiden Kollegen, die mir auf der Station direkt zur Seite stehen werden. Bei warmem Wetter sitzen wir in T-Shirts auf einer hölzernen Bank am Ufer der Neva und genießen in vollen Zügen das Ambiente der russischen Hafenstadt. Jeder von uns ist begierig darauf, die Neuigkeiten aus dem jeweils anderen Forschungsinstitut zu erfahren. Ideen für die Expedition werden ausgetauscht.

Am Montag, den 27. August 2007, startet die Expedition vom AARI-Hauptquartier aus nach Sibirien. Der Aufbruch gleicht einem Chaos. Zwar reicht der Reisebus für die Mannschaft, der bereitgestellte Transporter ist aber kaum in der Lage, die riesengroße Gepäckhalde zu bewältigen, die sich vor uns auftürmt. Jeder fasst mit an und so klappt es dann doch. «Alles wird schon werden.» – Dieser uralte russische Spruch hat an seiner Bedeutung im täglichen Leben bis heute nichts eingebüßt.

Die Teilnehmer der Expedition werden am Terminal des Flughafens wie ganz normale Passagiere abgefertigt. So sind wir geschlagene vier Stunden damit beschäftigt, die unzähligen Gepäckstücke durch drei Sicherheitskontrollen hindurch bis zum Abfertigungsschalter zu schaffen. Das Flughafenpersonal agiert ebenso gründlich wie korrekt. Inzwischen ist selbst meinen russischen Kollegen die Anspannung anzusehen. Niemand von uns hat noch einen Überblick über all die Dinge, die vom Institut aus als Gepäck mit auf die Reise gegangen sind.

Tiksi, der Name klingt alles andere als russisch. Dennoch handelt es sich um eine kleine Stadt im fernen Sibirien. Wenige Dutzend Kilometer östlich des Mündungsdeltas der Lena gelegen, schmiegt sich der Ort in eine kleine Bucht am Ufer der Laptewsee. Der gewaltige sibirische Strom und die Nähe zur polaren See sorgen dafür, dass die Temperaturen in dieser Gegend ein wenig gemäßigter ausfallen als in den zentralen Teilen Sibiriens. Das Weichbild von Tiksi wird durch die Kräne der weitgehend stillgelegten Hafenanlagen, lange Reihen von Öltanks und mehrstöckige Plattenbau-Wohnhäuser bestimmt, die in der für Permafrostgebiete typischen Stelzenbauweise errichtet worden sind. Seine hohe Zeit hatte Tiksi in den Fünfziger- und Sechzigerjahren. Mit mehreren Startbahnen für die atomare Bomberflotte der UdSSR war die Region für die Sowjets zeitweise von großer militärischer Bedeutung. Zurzeit erfolgt die Versorgung der Stadt fast nur noch über den Luftweg. Tiksi gehört auch heute noch zu den gesperrten Zonen, die nur mit einer Sondergenehmigung zu erreichen sind. Nach dem Zusammenbruch der hoch subventionierten sowjetischen Polarwirtschaft ist die Stadt von mehr als achtzig Prozent ihrer Bewohner verlassen worden. Gerade einmal dreitausend Seelen sollen hier derzeit noch ansässig sein.

Von St. Petersburg aus fliegen wir die ganze Nacht in östliche Richtung. Es gibt Zwischenstopps in Archangelsk und Igarka. Etwas holperig setzt unsere TU-134 am frühen Morgen auf der rissigen Landebahn auf. Die alte Aeroflot-Maschine wäre durchaus in der Lage, auf einer holperigen sibirischen Notpiste zu landen. Wenige Kilometer östlich von Tiksi befindet sich jedoch ein gigantisches Flugfeld. Zwei Startbahnen mit mehr als 3100 Meter Länge, Abfertigungsgebäude, Hangars, Tanklager und mehrere Dutzend Wohn- und Wirtschaftsgebäude prägen das Gelände. Ein gutes Dutzend Flugzeuge und zahlreiche Hubschrauber stehen in Parkpositionen neben dem Rollfeld. Das Abfertigungsgebäude scheint ziemlich heruntergekommen zu sein. Es strahlt den spröden Charme der Fünfzigerjahre aus. Schmucklos ist das Gebäudeinnere und es gleicht der Bahnhofshalle eines russischen Provinznestes. Die Zeit scheint an diesem Ort seit mindestens fünf Jahrzehnten stehen geblieben zu sein. Zwar steht der Helikopter, der uns zum Schiff bringen soll, bereits bei unserer Ankunft abflugbereit neben dem Rollfeld. Aber dennoch wird unser Gepäck in die Abfertigungshalle gekarrt, um dort gründlichst überprüft, penibel registriert und abgewogen zu werden. Erst danach dürfen die einzelnen Stücke zum Helikopter geschafft werden. An der Bürokratie hat sich nichts geändert. Die Beamten sind nicht gerade höflich, aber mit etwas Gelassenheit lasse ich die Prozedur über mich ergehen.

Zu unserem großen Glück haben wir ausgesprochen gutes Wetter, es weht nur ein leichter Wind und die Sonne strahlt am blauen Himmel. Glasklar ist die sibirische Luft bei etwa 10 Grad. Jeweils acht bis zehn Passagiere sowie eine Tonne Fracht finden in der Mi-8, einem orangerot angestrichenen Hubschrauber der Polarflotte, Platz. Die Rotoren setzen sich in Bewegung und die Maschine hebt dröhnend von dem betonierten Landeplatz ab. Die Landschaft um Tiksi ist typisch für die Tundra. Weit nördlich der Baum- und Buschgrenze gelegen, gleicht die Gegend einer mit Steinen übersäten Wüste, die von unterschiedlichen Grau- und Brauntönen dominiert wird. Der Flug zur «Fedorow» wird für mich zu einem phantastischen Erlebnis. Erstmals in meinem Leben kann ich einen Blick auf die ruhig unter uns liegende Laptewsee werfen. Nach knapp 15 Minuten Flug landet der Pilot auf dem Flugdeck des Forschungsschiffes, das – seit Wochen mit der Ausrüstung für die Expedition beladen – wenige Kilometer nördlich von Tiksi auf Reede liegt und die Expeditionsteilnehmer erwartet. Die Maschine wird, kaum dass die Rotoren ausgelaufen sind, an Bord festgezurrt.

Zu meiner Freude erhalte ich eine der Einzelkajüten zugewiesen. Außer einer ziemlich verschmutzten Dusche fehlt jede Spur von Luxus, selbst das Klopapier ... Zunächst bedarf es des intensiven Einsatzes von Wasser, Seife und Schrubber, um den Boden der Kajüte von einer dicken Schlierenschicht zu befreien. Nach einer Stunde schweißtreibender Reinigungsarbeit habe ich mir die Kabine ein wenig behaglicher gemacht. Ich kann mich endlich mit meinem Computer ausbreiten und nach dem Reisestress ein wenig zur Ruhe kommen.

Der Helikopterverkehr wird am frühen Abend wegen dicken Nebels ausgesetzt. Gegen Mitternacht scheinen dann doch alle Teilnehmer der Expedition an Bord gelangt zu sein. Ich bin sehr froh, dass ich gleich mit der ersten Passage zum Schiff geflogen worden bin. Die kleinen Privilegien, die mir als ausländischem Gast der Forschungsexpedition zuteil werden, weiß ich zu schätzen. Kurz nach Mitternacht geht ein leichtes Zittern durch das Schiff, das langsam seinen langen Weg durch die eisigen Gestade des Nordpolarmeeres beginnt. Von der Reise erschöpft, versinke ich erst jetzt in einen tiefen Schlaf.

Scholle gesucht

An Bord der «Akademik Fedorow»
Die «Akademik Fedorow» ist das Flagschiff der russischen Forschungsflotte. Das speziell für arktische Verhältnisse ausgelegte Schiff lief 1987 in Finnland vom Stapel. Es fährt unter russischer Flagge und gehört unserem Partnerinstitut, dem St. Petersburger AARI. Mit maximal 16 Knoten kann sich die 141,2 Meter lange und 23,5 Meter breite «Fedorow» durch die polaren Meeresregionen schieben. Ihr äußeres Erscheinungsbild wird durch den signalroten Anstrich des Rumpfes, ihre breiten weißen Aufbauten, drei gewaltige Kräne, sowie durch das Hubschrauberdeck und den dazugehörigen Hangar am Heck bestimmt. Die Stammbesatzung des Schiffes beträgt etwa sechzig bis achtzig Personen, darüber hinaus kann es zeitweise bis zu 160 Expeditionsteilnehmer an Bord nehmen. Für die Forscher stehen 26 Einzel- und 66 Doppelkabinen zur Verfügung. Die «Fedorow» ist mit mehreren Forschungslaboratorien, einem Lazarett, modernen Kommunikationssystemen und zwei Hubschraubern ausgerüstet.

Ein großer Teil unserer Ausrüstung liegt bereits seit Wochen fest verstaut im Schiffsbauch. Ich gehe täglich vier Mal in die Messe, um dort meine Kollegen zu treffen und meine Mahlzeiten einzunehmen. Alle ausländischen Wissenschaftler an Bord der «Fedorow» wurden vom Expeditionsleiter eingeladen, die Mahlzeiten in der Offiziersmesse einzunehmen. Das Essen ist typisch russisch – einfach, ungewohnt, aber durchaus akzeptabel. In den ersten Tagen erledigt jeder von uns diejenigen Dinge, die noch an Bord machbar sind. Meine ganze Sorge gilt der vorausgeschickten Fracht, der wertvollen Ausrüstung – und, was für mich mindestens ebenso wichtig ist, dem Zustand meines Proviants. Zu meiner Überraschung existiert an Bord des Schiffes kein «Magazin», ein kleiner Laden, in dem man sich mit Waren des täglichen Bedarfs eindecken könnte. Am fünften Tag der Fahrt werde ich endlich in die Lagerräume des Schiffes gelassen und kann zu meiner großen Erleichterung feststellen, dass die in Kiel an Bord geschafften Container komplett vorhanden sind. Angesichts der unversehrten Siegel fällt mir ein Stein vom Herzen. Fürs Erste ist meine Versorgung gesichert. Bevor ich jedoch die Container öffnen kann, muss ich passendes Werkzeug dafür auftreiben. Meine russischen Kollegen helfen mir bereitwillig.

Am Wochenende nähern wir uns dem ersten größeren Eisfeld. Das Eis scheint nicht sehr dick zu sein und die kleinen Schollen treiben in lockerer Formation auf dem Meer. Nachdem wir das eisfreie Gebiet verlassen haben, finden vom Schiff aus regelmäßig Helikopterflüge zur Eiserkundung statt. Es wird nach einer Scholle gesucht, die für die Aufnahme der NP-35 Station geeignet ist. Dafür müssen wir uns mit der «Fedorow» zunächst in ein Gebiet des Nordpolarmeeres begeben, das noch von mehrjährigem Eis bedeckt ist. Ein Eisfeld, das erst im letzten oder vorletzten Winter entstand, ist für uns nicht sicher genug. Schon im August hatte uns das Studium der Eiskarten gezeigt, dass große Teile der See fast völlig eisfrei waren. Auch waren die Gebiete, in denen unter normalen Bedingungen mehrjähriges Eis zu erwarten gewesen wäre, kaum noch bedeckt. Noch nie in der Geschichte der Arktisforschung hatte sich die Eisbedeckung der Gewässer so stark verringert wie in diesem Sommer 2007.

Bereits nach ein paar Tagen wurde eine erste Scholle gefunden, die den Ansprüchen zu genügen schien. Sie muss für die Station ausreichend groß sein, braucht also eine Seitenlänge von drei bis fünf Kilometern, und sie muss über ein Eisdicke von mindestens drei Metern verfügen. Das Eisfeld dieser

Scholle war zwar groß genug. Allerdings war die Scholle mit der Drift bereits zu weit nach Süden gelangt, sodass das Eis zu porös und löchrig wie ein Schweizer Käse geworden war und bei weiteren Bewegungen Richtung Süden schnell an Festigkeit eingebüßt hätte.

Am Samstag hat Sergeij, einer meiner zukünftigen Kollegen auf der Station, seinen Geburtstag. Ich hatte bereits erfahren, dass es auf NP-35 mindestens fünf Sergeijs geben wird. Es könnte also ein wenig schwierig werden, die Männer auseinanderzuhalten. Und bislang hat mir auch noch niemand eine Namensliste in die Hand gedrückt. Bald habe ich jedoch eine einfache Methode zur Unterscheidung der Kollegen gefunden: Die Bezeichnung erfolgt mit Vornamen und der Arbeitsaufgabe auf NP-35. Dort gibt es die zwei Expeditionsleiter (Chefs), die Meteorologen (Mets), die Aerologen (Aeros), die Hydrologen (Hydros), die Mechaniker (Mechs) sowie ein paar Einzelkämpfer wie den Arzt und den Koch. Meine Kollegen haben es mit meinem Namen nicht einfacher, da die russische Sprache keine Umlaute kennt. Für sie ist «Jürgen Graeser» ein echter kleiner Zungenbrecher. Aber bald schon wird mir das weiche umlautlose «Jurgen» völlig vertraut sein.

Ein überraschender Besuch zeigt sich: Vom Arbeitsdeck der «Fedorow» aus haben wir den ersten Eisbären sichten können. Nach dem Dinner gibt es eine kleine Party in Sergeij-Aeros Kajüte. Anders, als ich es bisher bei meinen Schiffsfahrten gewohnt war, schien kaum jemand von der Besatzung von dem Ereignis Notiz zu nehmen. Umso mehr freute ich mich über die Einladung. Unser zukünftiger Koch hatte aus dem Kontingent der Station eine frische Melone locker gemacht und es kam Kuchen auf die Back. Natürlich gehören zu einem zünftigen russischen Geburtstag auch Sekt, Vodka und Weinbrand. So gestaltete sich im kleinen Kreis ein feuchtfröhlicher Abend, der uns auch persönlich ein wenig näherbrachte.

Mit dem Suchtrupp auf dem Eis

Erstmalig erhalte ich die Möglichkeit, an einem der «nächtlichen» Erkundungsflüge teilzunehmen. Das Wort «nächtlich» ist relativ zu sehen, da wir an Bord des Forschungsschiffes unabhängig von der konkreten Position nach Moskauer Zeit leben. Dort herrscht tiefe Nacht, wir dagegen erfreuen uns des helllichten Tages. Im Tiefflug rast der Hubschrauber über endlose Eisflächen, gelegentlich hoch aufsteigend, damit der Suchtrupp eine bessere Fernsicht bekommt. Es geht vorbei über grellweiße schneebedeckte Eisflächen, über hunderte türkisfarbener Schmelzwasserlöcher und schwärzlich-brauner Algentümpel. Anfangs erscheint mir der Flug sehr faszinierend, aber bald schon wird er eintönig und ich bin kaum noch in der Lage, in der Eiswüste die gesuchten Konturen auszumachen. Doch dann ist plötzlich für Abwechslung gesorgt: Meine Begleiter haben eine Eisscholle gesichtet, die als Basis für die NP-Station in Frage kommen könnte. Ich habe nichts dergleichen erkennen können und kann mich über ihre Fähigkeiten nur wundern. Der Hubschrauber setzt zur Landung an. Unter dem Schein der hell strahlenden Mittagssonne setze ich erstmalig soweit nördlich (83,5′ N) meinen Fuß auf das arktische Eis. Für meine routinierten russischen Begleiter ist dieser Akt weniger spektakulär und so halte ich mich mit Gefühlsregungen zurück. Allerdings ist der Aufenthalt auf der Scholle nur von kurzer Dauer. Bei laufenden Rotoren wird schnell eine Probebohrung vorgenommen. Das Eis ist an dieser Stelle weniger als zwei Meter dick. Wieder eine Niete! Da der Hubschrauber auf der Scholle aus Sicherheitsgründen immer startbereit bleiben muss, kann es gleich weitergehen. Doch die Erkundung einer weiteren Scholle verläuft ebenfalls negativ. Nach etwa vierstündigem Flug kehren wir mit leeren Händen an Bord der «Fedorow» zurück. Offensichtlich haben wir eine Pechsträhne. Ob wir bei unserer Suche nach einem geeigneten Standort Tage, eine Woche oder sogar mehrere Wochen zwischen den Schollen kreuzen werden, das steht im Moment völlig in den Sternen. Erstmalig erkundigen sich meine russischen Kollegen bei mir nach den Eiskarten, die ich regelmäßig aus Potsdam abfordern kann. Das ist wirklich kein gutes Zeichen und ich hoffe, dass uns mein Talisman bei der weiteren Suche etwas Glück bringen möge.

Im Kielwasser der «Rossija»

Bereits am nächsten Tag erhalten wir Verstärkung. Um die Mittagszeit stößt der Atomeisbrecher «Rossija» zu uns und wir können die Reise in seinem Kielwasser fortsetzen. Die Ankunft der «Rossija» wurde von der Expeditionsleitung sehr begrüßt, da es unserem Schiff zunehmend schwerer fiel, sich durch das immer dicker werdende Eis zu schieben. Bei der «Rossija» – dem Stolz der russischen Nordmeerflotte – handelt es sich um den mit Abstand größten Atomeisbrecher der Welt. Ein imposantes Schiff, 136 Meter lang und 30 Meter breit, mit einer Wasserverdrängung von 23 460 t und einer Maschinenleistung von 75 000 PS. Die «Rossija», vor gut einem Vierteljahrhundert in St. Petersburg gebaut, kann bis zu fünf Meter dickes Eis spielend durchbrechen.

Wir hatten uns im Laufe des Vormittags bereits mehrmals im Packeis festgefahren, was für ein Schiff wie die «Fedorow» kein wirkliches Problem ist. Der Kapitän lässt zurücksetzten, noch einmal Anlauf nehmen und dann geht es mit voller Schubkraft wieder auf die Scholle zu. Im Kielwasser der «Rossija» ging es wesentlich leichter voran. Leider währte unsere Freude über den Eisbrecher nicht sehr lange. Am Donnerstag lagen wir schon wieder fest. Inoffizieller Grund war ein «technisches Problem» auf der «Rossija». Mehr war über die Havarie zunächst nicht zu erfahren – Offizielles schon gar nicht.

Kaum einen Kilometer von einem Atomreaktor entfernt, wurde mir schon ein wenig mulmig.

Wir schreiben Montag, den 10. September 2007. Die «Fedorow» schiebt sich auf 84,4 Grad nördlicher Breite, 130,4 Grad westlicher Länge durch die vereiste See. Für die Verhältnisse im Nördlichen Eismeer ist es fast noch gemütlich. Eine frische Brise mit Windstärke 5 weht uns aus südwestlicher Richtung um die Nase. Beständiges Schneetreiben bei Temperaturen knapp unter dem Gefrierpunkt macht es unwahrscheinlich, dass wir dem Ziel unserer Suche heute näherkommen. Bei einer Sichtweite zwischen einem halben und einem Kilometer wird es nicht möglich sein, Helikopter auszusenden, um eine geeignete Scholle auszumachen. Mehr und mehr schwindet bei mir das Gefühl für die Position des Schiffes. Zeitverschiebung, Polartag, Eis, Schnee, Nebel und die Enge im Schiff tragen dazu bei. Immer wieder muss ich auf die Uhr schauen, um das Zeitgefühl nicht völlig zu verlieren.

Geschlagene zwei Wochen arbeiten wir uns nun schon im Kielwasser der «Rossija» durch das Nördliche Eismeer und der Aufenthalt auf dem Schiff wird immer eintöniger. Meine kleine Kajüte befindet sich nur knapp zwei Meter oberhalb der Wasserlinie. Deshalb nervt mich das Gedonnere und Geschabe der Eisbrocken, die ständig an der Bordwand der «Fedorow» entlangschrammen. Einige der meterdicken Brocken mögen es gut und gerne auf fünfzig Quadratmeter bringen. Trotz der schützenden Schiffswand wirkt der Kontakt mit dem Eis hautnah. Auch das Wetter drückt auf mein Gemüt. Immer wieder hüllen Nebelschwaden und Schneeschauer die beiden Schiffe ein. Die Sicht verringert sich dann auf wenige hundert, manchmal nur auf ein paar Dutzend Meter. Nach vielen Stunden in der beengten Kajüte muss ich an die frische Luft kommen. Mein Satellitentelefon funktioniert nur, wenn ich auf einem der offenen Decks bin. Doch die Stammbesatzung sieht es nicht gerne, wenn Landratten ungefragt auf irgendwelchen Teilen des Schiffes herumgeistern. Was an Bord nicht ausdrücklich befohlen oder erlaubt wird, scheint als verboten zu gelten. Einerseits ist ein straff geführtes Bordreglement mehr als verständlich, für einen Zivilisten wie mich manchmal aber auch ein wenig lästig. So bleiben bei meinen Versuchen, das Schiff näher zu erkunden oder ohne Begleitung zu meinen Containern in den Laderaum zu gelangen, einige unliebsame Auseinandersetzungen mit einer mittleren Bordgröße, dem Bootsmann, nicht aus. Er scheint mich für einen ausländischen Kameramann zu halten und deshalb nicht gerade besonders gut leiden zu können. Erst am allerletzten Tag hat er erfahren, dass ich zur Besatzung der NP-35-Expedition gehöre. Und plötzlich kann auch in seinem Gesicht ein anerkennendes Lächeln auftauchen.

Am Ende der letzten Woche gab es einige Turbulenzen. Noch immer hatte sich die Eissituation nicht verbessert, was die Nervosität unter den russischen Kollegen wachsen ließ. Die Expeditionsleitung prüfte die Möglichkeit, die Station zur Not auch auf einer dünneren Scholle aufzubauen. Natürlich wurde auch das Alfred-Wegener-Institut gefragt, ob es die Risiken einer solchen Entscheidung auf sich nehmen würde. Worum ging es konkret? Die Überlegungen gingen dahin, die Station auf einer Scholle von nur anderthalb bis zwei Meter Dicke aufzubauen. Im Verlaufe des Polarwinters würde die Scholle ein wenig stärker werden, im Frühjahr bei einer Süddrift aber auch schneller als derzeit angenommen an Substanz verlieren. Im Ernstfall würde die russische Seite alles Menschenmögliche unternehmen, um eine Driftbesatzung heil von einer havarierenden Scholle zu evakuieren. Und sicher könnte in einem solchen Falle auch auf internationale Hilfe gesetzt werden. Die teure Ausrüstung – alleine in meine Ausrüstung hatte das AWI eine gute halbe Million Euro investiert – könnte dann aber mit großer Wahrscheinlichkeit abgeschrieben werden.

Um zu einer Entscheidung zu gelangen, gingen die Depeschen zwischen dem AARI und der «Fedorow», aber auch zwischen dem AWI und mir, hin und her. Für mich war die Situation – mit Verlaub gesagt – einigermaßen ungünstig. Saß ich doch zwischen zwei Stühlen. Selbstverständlich hätte mich das AWI nicht gegen meinen Willen auf eine unsichere Scholle geschickt. Und sicherlich hätten auch die russischen Partner eine ablehnende Entscheidung meiner Projektleitung anstandslos akzeptiert.

Die Vorstellung, als erster deutscher Gast einer NP-Expedition den russischen Kollegen Lebewohl zu sagen, von der «Fedorow» schnurstracks auf den russischen Eisbrecher überzusetzen und die Leute dann sich selbst in ihrem ungewissen Schicksal zu überlassen, war alles andere als umwerfend. Alfred Wegener, der berühmte Polarforscher und Namenspatron unseres Instituts, der 1929 auf dem Rückweg von der grönländischen Station «Eismitte» zur Basisstation seiner Expedition umgekommen war, hätte sich in seinem Grabe umgedreht. Auf der anderen Seite hänge auch ich ein wenig an meinem Leben ... Die AWI-Projektleitung überließ mir die endgültige Entscheidung. Schließlich war ich hier direkt am Ball und konnte die Situation hautnah einschätzen. Und ich sah noch keinen wirklichen Grund, warum ich nicht dasselbe Risiko auf mich nehmen sollte, wie meine russischen Kollegen. Aus der Geschichte der russischen Driftstationen weiß ich, dass es zwar viele gefährliche Situationen, aber noch keine Verluste unter den Forschern gegeben hat. Unser zukünftiger Stationschef setzte der Diskussion bald ein Ende. Letztendlich hatte der erfahrene Eisfuchs vor Ort die Entscheidung zu treffen. Und er war nicht bereit, unkalkulierbare Risiken einzugehen. Das war für mich sehr beruhigend.

Gute hundert Seemeilen entfernt befand sich zur selben Zeit unsere «Polarstern» auf Expeditionsfahrt. Und so traten die russischen Kollegen an mich heran, um zu sondieren, ob sich nicht auch das deutsche Forschungsschiff an der Suche nach einer Eisscholle beteiligen könne. Von beiden Schiffen aus konnten nur lockere Eisformationen ausgemacht werden. Selbst in unmittelbarer Nähe des Nordpols war es in diesem Jahr nicht möglich, eine geeignete Scholle zu finden.

Vorsorglich hatte ich den Zustand meiner Ausrüstung kontrolliert und feststellt, dass die Lasten in beiden Containern zu ungleichmäßig verteilt waren, was zu einem Problem werden könnte. Jeder der beiden Container wog fast anderthalb Tonnen und durfte, um noch sicher mit dem Helikopter transportiert werden zu können, höchstens die gleiche Last aufnehmen. Außerdem musste die Ladung für einen Lufttransport rutschfest verstaut sein. Leider war einer der beiden Container zu schwer beladen worden. Mit tatkräftiger Hilfe meiner russischen Kollegen stapelte ich einige Dutzend meiner Kisten in den Containern um, eine Aktion mit einem nützlichen Nebeneffekt: Endlich kam ich an meine Lebensmittel- und Getränkevorräte ran. Was ich an Ess- und Trinkbarem mit dem Handgepäck an Bord gebracht hatte, war bereits zur Neige gegangen und im Unterschied zu anderen Schiffen, auf denen ich bislang gefahren bin, war auf der «Fedorow» nur das an Essen aufzutreiben, was in der Messe auf die Back kam. Wer sich nicht an die vorgeschriebenen Essenszeiten hielt, der ging eben leer aus. Extrawürste wurden für niemanden gebraten. Außer am Mittwoch, da war «Geschenketag». Zusätzlich zum Nachmittagsessen stand eine Kleinigkeit zum Mitnehmen bereit, ein Tetrapack Fruchtsaft, ein kleines Glas Instant-Kaffee oder auch ein Liter Milch. Die Milch stammte aus Mecklenburg-Vorpommern, offenbar noch vom letzten Aufenthalt des Schiffes in Kiel. Bescheidenheit erhöht die Fähigkeit zum Genuss von Dingen, die plötzlich nicht mehr so ganz selbstverständlich sind.

Am Nachmittag des 12. September hatten wir den 89. Breitengrad erreicht und nur noch 111 Kilometer Entfernung trennten uns vom Nordpol. Noch nie in meinem Leben war ich so hoch im Norden gewesen. Doch merkwürdigerweise wollte darüber keinerlei Freude an Bord aufkommen, auch nicht bei den wissenschaftlichen Gästen. Anderswo wäre dies zumindest der Anlass für eine zünftige Party gewesen, gar nicht zu reden von den traditionellen Polartaufen, die ich auf der «Polarstern» erlebt hatte.

Vor dem Aus?

Kurz vor dem Wochenende erreichte uns eine neue Hiobsbotschaft. Wenn wir nicht innerhalb der nächsten zwei Tage eine geeignete Scholle finden können, dann wird NP-35 als Driftexpedition abgesagt. Als mögliche Alternative plant die AARI-Leitung den Aufbau eines kleinen Observatoriums auf einer Insel des Severnaya Zemlya Archipels. Der kleine, erst im Jahre 1913 entdeckte Archipel besteht aus drei größeren Inseln, die durch die Sowjets mit so martialisch klingenden Namen wie Bolschewik, Komsomol und Oktoberrevolution benannt worden sind. Dazu kommen etwa ein Dutzend kleinerer Eilande. Der weitgehend eisbedeckte Archipel liegt zwischen der Kara- und der Laptewsee. Im Westteil der Inselgruppe – auf der Insel Golomjanny – befindet sich eine kleine meteorologische Station. Ich hatte bereits im Jahre 1990 im Rahmen einer Forschungsexpedition für einige Wochen auf dieser abgelegenen Station arbeiten können. Die Ersatzvariante wäre zwar sicherer als die Drift auf einer zweitklassigen Scholle. Selbst bei einem Umzug des Observatoriums im Winter auf das Küsteneis würden die erzielbaren Forschungsergebnisse weit hinter den hochgesteckten Erwartungen zurückbleiben.

Am Morgen des 16. September teilt uns der Expeditionsleiter mit, dass wir eine allerletzte Scholle ansteuern würden. Doch schnell ist klar, dass auch diese Scholle für unsere Zwecke ungeeignet ist. Damit scheint das Ende der Expedition besiegelt zu sein. Das Schiff setzt seinen Kurs Richtung Severnaya Zemlya fort. Die Stimmung ist bei einigen meiner russischen Kollegen auf dem absoluten Tiefpunkt. Denn es droht ja nicht nur eine wichtige Expedition zu scheitern, für viele muss das Gehalt aus dieser Expedition die Familien für mindestens zwei Jahre über Wasser halten. Und einige der ozeanologischen Forschungsprojekte werden garantiert nicht mit uns ziehen.

Scholle in Sicht!

Früh am Dienstagmorgen stoppt die «Fedorow». Niemand weiß, weshalb. Und es wird spannend! Schnell verbreitet sich das Gerücht, dass noch eine weitere Scholle untersucht wird. Und diese Eisfläche soll wirklich nicht schlecht aussehen. In der Gerüchteküche brodelt es heftig. Am frühen Nachmittag nimmt das Schiff seine Fahrt wieder auf, um gegen 15.00 Uhr Moskauer Zeit erneut längsseits einer Scholle anzulegen. Aber wir sind offenbar nur auf die gegenüberliegende Seite des großen Eisfeldes gefahren. Jedenfalls kommt mir ein hoher Eisturm in seiner Mitte irgendwie bekannt vor. Eine Stunde später steht das Landungskommando bereit. Kurz darauf ist die Gangway der «Fedorow» ausgefahren. Unter Leitung des Bootsmannes begibt sich ein Trupp von Seeleuten von Bord. Einige Dutzend Meter vom Schiff entfernt bohren sie mehrere Löcher ins Eis, in die leere Gasflaschen als improvisierte Poller gesteckt werden. Eine ebenso einfache wie clevere Idee, um das Schiff festmachen zu können. Um 17.20 Uhr ist die «Fedorow» mit dem Eis vertäut. Es kann nun keinen Zweifel mehr geben: Wir haben eine Scholle gefunden, NP-35 wird Realität!

Bereits eine Stunde später ist mit der Diesel-Elektro-Station (DES) das erste Stationshaus auf dem Eis abgesetzt. Zum Abendessen wird die Entladung unterbrochen, doch in der Nacht herrscht wieder bewegtes Treiben an Deck der «Fedorow», immer mehr Gegenstände werden auf das Eis verholt. Ich erhalte vom Expeditionsleiter die Einteilung zur ersten Schicht: Beginn: 3.00 Uhr Moskauer Zeit. Bevor ich mich danach endlich in die Koje hauen darf, muss ich noch meinen Wochenbericht anfertigen und wertvolles Filmmaterial auf DVD sichern. Ein französischer Kollege wird die Aufnahmen mit nach Deutschland nehmen und dort meinem Chef übergeben. An Schlaf ist in dieser Nacht nicht zu denken. Unruhig wälze ich mich in der engen Koje hin und her, wie in einem schlechten Traum ziehen die Tage seit dem Abflug aus Berlin an mir vorbei.

Schrill reißt mich der Wecker aus dem Halbschlaf. Nach einem Becher Kaffee und einem kleinen Imbiss mache ich mich für den Schichtdienst klar. Das Schiff ist von so dichten Nebelschwaden umhüllt, dass an weitere Entladearbeiten nicht zu denken ist. Zumindest ist der Transport der Container vom Schiff auf die Eiskante und von dort zum Aufbauplatz nicht möglich. Also kann ich noch einmal in die Koje kriechen und komme unverhofft zu einer kleinen Mütze Schlaf. Auch gegen acht Uhr hat sich die dichte Suppe noch nicht verzogen, doch die Besatzung hat schon einige der Balogs auf das Eis gehievt und einen der Raupenschlepper entladen. Das gesamte Material steht nur wenige Meter von der «Fedorow» entfernt auf der Eiskante und ich hoffe, dass die russischen Seeleute ihre Erfahrungen damit haben, wie belastbar das Eis ist. Wegen des Nebels fällt ein Einsatz der Helikopter weiterhin aus, weswegen unsere Arbeitsbrigade abrufbereit an Deck wartet. Für mich die unverhoffte Chance, einige Filmaufnahmen zu machen. Nachdem sich der Nebel ein wenig gelichtet hat, schlägt die Stunde der beiden Helikopter. Wechselseitig picken sie ganze Balogs auf und tragen große Netze mit vollen Treibstofftonnen davon. Der Aufbauplatz liegt etwa 500 Meter vom Schiff entfernt und so sind sie wenige Minuten später schon wieder vor Ort. Unvorstellbar laut dröhnen die Rotoren der beiden Mi-8, Schnee- und Eisbrocken stieben dem Beladetrupp um die Ohren. Ich selbst habe große Mühe, meine Kamera und mich selbst in Stellung zu halten. Am Vormittag klart das Wetter weiter auf und die Entladung kann ohne Einschränkungen fortgesetzt werden. Jetzt wird auch mein Trupp hinausbeordert. Leider gibt es für uns nicht sehr viel zu tun. Nur ein kleiner Teil der mehr als 300 Tonnen Ausrüstung ist inzwischen auf das Eis verfrachtet worden. Gegen Mittag ist meine Schicht vorbei, die nächste soll in der Nacht um drei Uhr beginnen.

Bereits am Nachmittag kann ich zusammen mit der Meteorologie- und der Aerologiegruppe zur zukünftigen Station fahren. Wir haben uns vorgenommen, zusammen den Standort des gemeinsamen Observatoriums festzulegen und erste Entscheidungen für dessen Aufbau zu treffen. Zunächst muss aber noch die meteorologische Station in Betrieb genommen werden. Die erste Wettermeldung, die von der Station abgesetzt werden kann, wird traditionell als die offizielle Geburtsstunde der NP-35-Mission in die Geschichte der Polarforschung eingehen. Noch einmal an Bord der «Fedorow» zurückgekehrt, beende ich am späten Nachmittag in meiner Kajüte die Wochenberichte. Ein letztes Mal kann ich E-Mails absetzen, wofür ich in den nächsten Tagen garantiert keine Zeit mehr haben werde. Und es gibt Neuigkeiten: Unsere

Scholle driftet bereits, allerdings in die falsche Richtung, nach Südosten, in Richtung Laptewsee. So war das ja nun auch wieder nicht gedacht. Unsere Zielrichtung heißt Nord-Osten.

Der nächste Tag beginnt für mich um 2.30 Uhr. Mir fällt es schwer, aus der Koje zu kommen. Zunächst helfe ich den Meteorologen beim Aufbau ihres zehn Meter hohen Sensormastes, dann geht es an den Einbau eines Ofens in ihr schon an Bord vorbereitetes Fertigteilhaus. Diese russischen Dieselöfen sind einfach und robust gebaut – einfach cool, so scheint es mir. Aber der Schein trügt, wie sich im Laufe der Expedition zeigen wird. Später arbeite ich beim Treibstoffkommando mit. Ungefähr fünfzehn Treibstoffdepots werden in der Umgebung der Station angelegt, was sicherer ist als ein einziges großes Depot. Denn es ist bereits mehrfach vorgekommen, dass ein Eisriss mitten durch ein Dieseldepot ging und die Tonnen, falls überhaupt, nur mit großer Mühe geborgen werden konnten. Um einem solche Verlust vorzubeugen, nehme ich gerne die Plackerei in Kauf. Der Helikopter dröhnt mit einem Transportnetz voll schwerer Dieselfässer heran und lässt die kostbare Ladung aus ein bis zwei Metern Höhe dicht neben uns aus dem Netz in den Schnee rollen. Schnee- und Eisbrocken peitschen wie kleine Geschosse durch die Luft und schneiden uns unangenehm in die Gesichter. Jeder versucht, sich so gut zu schützen, wie es eben geht. Nach dem Abwurf bleiben uns nur zwei Minuten, die Tonnen aufzurichten, zu sortieren und an der richtigen Stelle aufzubauen. Dann kommt schon der nächste Helikopter herangebrummt. Trotz der Kälte geraten wir mächtig ins Schwitzen. Wasser aus einem großen Schmelzwassertümpel bietet uns etwas Erfrischung.

Am Nachmittag ist meine Ausrüstung dran. Nahezu das gesamte Equipment wird mit den Helikoptern zum Aufbauplatz gebracht. Eine Verfahrensweise, die ich nicht ganz verstehe, könnten doch auch die Schlepper einen Teil dieser Arbeit verrichten. Aber noch sind die Trassen nicht auf ihre Stabilität überprüft worden. Vor dem Abendessen schaffe ich es gerade noch, etwas Ordnung in die Container zu bringen und trete dann den kurzen, aber anstrengenden Rückweg zur «Fedorow» an. Die Schicht fordert ihren Tribut. Nach dem Dinner an Bord kann ich ein letztes Mal die Post erledigen. Die AWI-Öffentlichkeitsarbeit hat eine als «WICHTIG» deklarierte Presseanfrage übermittelt, die bis zum nächsten Morgen beantwortet sein soll. Als hätte ich im Moment nichts anderes zu tun. Entsprechend harsch ist meine Reaktion. Mein Potsdamer Chef sieht die Sache zum Glück ähnlich und so werden künftig Anfragen bereits dort vorsortiert.

Der letzte Tag auf der «Fedorow» bricht für mich bereits kurz nach zwei Uhr morgens an. Eigentlich bin ich eher ein Langschläfer und so ist es für mich ein ungewohntes Gefühl, wenn ich morgens um acht Uhr bereits fünf Stunden gearbeitet habe. Die Zeit drängt, da die «Fedorow» bereits heute den Liegeplatz verlassen wird. Ursprünglich waren für die Entladung und den Aufbau der Station sieben bis zehn Tage vorgesehen worden und keiner meiner russischen Kollegen kann sich daran erinnern, dass je ein Versorgungsschiff einen Aufbauplatz derartig schnell verlassen hatte. Bereits gestern hatte die «Rossija» abgedreht. Die «Fedorow» soll schon in drei Tagen den Hafen von Murmansk anlaufen.

Wir beeilen uns, zum Aufbauplatz der Station zu kommen. Zunächst versuchen wir, wenigstens eines der Balogs aufzubauen. Da jedoch noch immer nicht alles Material und alle Ausrüstung ausgeladen worden ist, geben wir unser Projekt nach einer Weile wieder auf. An Arbeit mangelt es im Moment wahrlich nicht, aber irgendwie weiß niemand so recht, womit angefangen werden soll. Logistik scheint nicht das Steckenpferd der russischen Kollegen zu sein.

In den Laderäumen der «Fedorow» wird zumeist die Ausrüstung für mehrere Expeditionen vorgehalten. Aber weshalb war es nicht möglich, unsere Lebensmittel schon an Bord in den entsprechenden Containern zu verstauen und dann zusammen zur Station zu schaffen? Viele der Container scheinen schon einige Dutzend Polarexpeditionen auf dem Buckel zu haben. Überall auf dem Eis türmen sich Stapel mit Kartons voller Lebensmittel. Gerät einer der Hubschrauber in ihre Nähe, fliegt alles durcheinander. Und dann beginnt es auch noch zu regnen. Das ist das Letzte, was wir für unsere Verpflegung gebrauchen können. Notdürftig werden Zeltplanen über die Haufen mit den Kartons geworfen.

NP-35 ist ein Teil von Mütterchen Russland. Deshalb besteht eine der ersten Amtshandlungen darin, aus dünnen Aluminiumrohren eine Art Flaggenmast aufzubauen. Das gesamte Team kommt bei leichtem Regen zu einem kleinen Flaggenappell zusammen. Unter den Klängen der russischen Nationalhymne wird die Nationalflagge gehisst. Dann passiert es: Der dünne Alumast bricht in der Mitte durch. Betretenes Schweigen beherrscht die Situation. Hoffentlich kein böses Omen.

Zur Verabschiedung der Expedition bekomme ich zum ersten Mal den Kapitän der «Fedorow» zu Gesicht. Die strikte Hierarchie an Bord und die kaum vorstellbare Abschottung der Schiffsbesatzung von den Wissenschaftlern lassen nähere Begegnungen nur bei offiziellen Anlässen zu. Vor der Abfahrt der «Fedorow» bekommen wir ein letztes Abendessen in der Messe. Zwar habe ich kein opulentes Abschiedsdinner erwartet, dass es dann doch nur das übliche Bordfutter gibt, ist allerdings schon enttäuschend. Das AARI hat eine eigene Verabschiedung organisiert. Zuständig ist der Logistikchef des Instituts, Vladimir Sokolov. Er hat den Termin auf 22.55 Uhr festgelegt. Doch warum so lange auf dem Schiff bleiben? Wir hätten mit dem Aufbau der Station wahrlich Besseres zu tun. Am Protokoll führt aber kein Weg vorbei. Um 23.00 Uhr verabschiedet uns Sokolov, dessen Auftritt mich ein wenig an den eines Monarchen erinnert. Und schon geht es wieder ganz seemännisch zu. Ich reihe mich in das Ablegekommando ein und erhalte die Order, die Achterleine der «Fedorow» loszumachen. Noch einmal versuche ich, das langsam von der Eiskante ablegende Schiff mit der Leine festzuhalten, was mir freilich nicht gelingen will. Für 24 Tage war die «Akademik Fedorow» mein Zuhause. Nun beginnt sie, ihre Rückfahrt durch das Eis aufzunehmen. Ich werfe einen letzten Blick auf das imposante Schiff.

Die kleine Besatzung von NP-35 begibt sich zur Station. Jetzt, wo es so richtig ernst wird, beschleicht mich ein etwas merkwürdiges Gefühl. Es sind Schritte in eine ungewisse Zukunft. Niemand kann heute schon voraussagen, wohin uns dieses Stück Eis in den nächsten Monaten tragen wird. Dennoch wird es der Arbeitsort für 21 Forscher und ihre zwei vierbeinigen Begleiter sein. Während wir uns langsam in kleinen Gruppen in Richtung der Station bewegen, verschwindet die «Fedorow» in den weißen Weiten der Arktis. Ich weiß noch nicht einmal, wie ich die heutige Nacht verbringen werde. Irgendwo zwischen den Hütten, mitten auf dem blanken Eis, wird durch die russischen Kollegen ganz spontan eine kleine Party organisiert. Zwei Flaschen Vodka werden geköpft und der Koch teilt die Reste des Abendessens aus, die uns von der «Fedorow» mitgegeben worden sind. Um zwei Uhr liege ich dann in meinem vorläufigen Nachtquartier. Mir wurde eine Koje in der Funkbude der Expedition zugeteilt. Schon am Abend ist die Temperatur weiter gestiegen und es hat zu tauen begonnen. In den provisorisch aufgebauten Balogs tropft das Wasser von den Decken. 28 Tage bin ich nun von Potsdam fort – am morgigen Tag beginnt für die Expedition ein neuer Zeitabschnitt – Tag 1 von NP-35.

NP-35 – Eine Forschungsstation wird aufgebaut

21. September 2007, 1. Tag

Im Unterschied zu einigen meiner russischen Kollegen hatte ich in der ersten Nacht auf der Scholle wenigstens ein festes Dach über dem Kopf. Aber auch in der Funkerhütte tropfte das Wasser von den Wänden. Ich lag in voller Montur auf einer klapprigen Raskladuschka (Feldbett), konnte mir aber wenigstens eine Decke über den Kopf ziehen. Ein Ofen hat den kleinen Raum erwärmt. Wieder wach geworden, stecke ich den Kopf aus der Tür. Zu meinem Entsetzen bemerke ich, dass meine persönlichen Sachen (Seesäcke, Reisetaschen, Photo- und Kameraausrüstung) vor der Hütte im Schneeregen gelegen haben. Jetzt ist alles mit einer dünnen Eisschicht überzogen. In die Hütte haben sie nicht mehr hineingepasst. Zu meinem Glück sind alle Gepäckstücke wasserdicht, sodass kein Schaden entstanden ist. Ich verstaue mein Reisegepäck erst einmal in einem Container.

Das Areal, an dem NP-35 aufgebaut werden soll, sieht noch chaotisch aus. Überall stehen und liegen große und kleine Container, Kisten, Säcke, Plastikbeutel, Stapel von Brettern, Balken und andere Materialien herum. Das Material für den Bau der Unterkünfte liegt noch weiter verstreut auf dem Eis.

Mit meiner Kamera versuche ich einige Bilder von dem in Entstehung begriffenen Expeditionsstützpunkt festzuhalten. Da werde ich auch schon von Alexeij Wisnewskij und Sergeij Lesenkow abgefangen. Die Chefs laden mich zu einem Gespräch in die Masterskaja (Werkstattcontainer) ein. Weil die Generatoren noch nicht in Betrieb genommen werden konnten, muss der eigentlich versprochene heiße Tee ausfallen. Als Ausgleich wird mir eisgekühlter «Vodka» – ein Mix aus Schmelzwasser und Reinsprit – angeboten. Den Drink auszuschlagen, wäre alles andere als höflich. Nach einiger Zeit erlöst mich Vasja-Aero, um mit mir den Standort meines Laborhauses festzulegen.

Ich bleibe gleich vor Ort und sofort wird daraus eine Baustelle. Schwitzend zerren wir die für die Konstruktion erforderlichen Materialien herbei und legen die Kufen des Balogs aufs Eis – eine Art Grundsteinlegung. Unsere Balogs werden nach dem Baukastenprinzip aus Fertigteilen zusammengesetzt. Die Einzelteile sind aus Sperrholzlagen vorgefertigt, zwischen denen sich Styropor als Isolation befindet. Soweit es der Platz zuließ, war mit dem Zusammenbau der wichtigeren Häuser bereits auf der «Fedorow» begonnen worden. Die Balogs für die meteorologische Station, den Stromgenerator, die Funkbude, unsere provisorische «Kajut Kompanja», die Masterskaja und eine Unterkunft waren als erste an ihren Standorten. Mit wenigen Graden unter dem Gefrierpunkt hatten wir für arktische Verhältnisse nahezu ideale Bedingungen für die Zimmermannsarbeiten.

Der Aufbau so eines Balogs sieht auf den ersten Blick nicht schwer aus. Weil es an fachgerechter Anleitung fehlte, werkelten wir am Anfang alle etwas unbedarft vor uns hin. Zu Beginn der Montage muss besonders auf die Justierung der Bodenplatten, geachtet werden, damit das Haus nach dem Rohbau auch wirklich abgedichtet werden kann. Jeder Fehler, der zu Beginn des Aufbaus gemacht wird, kann sich in den nächsten Monaten bitter rächen. Die Bodenplatten der Balogs werden auf Kufen montiert, damit die Möglichkeit besteht, sie im Falle eines Eisbruches schnell aus der Gefahrenzone zu evakuieren. Alle Häuser sind mit Dieselöfen ausgestattet. Kleine elektrische Zusatzheizungen können Ausfälle kurzfristig kompensieren.

Eigentlich wollte ich heute noch mit dem Aufbau meines Hauses fertig werden, gegen Mitternacht unterbrechen wir aber die Arbeiten und verschieben den Rest auf den nächsten Tag. So bin ich gezwungen, eine weitere Nacht in meinem provisorischen Quartier zu verbringen. Am frühen Morgen setze ich mich vor mein fast rohbaufertiges Balog auf eine kleine Holzbank. Im Lichte der Dämmerung notiere ich noch die Ereignisse des langen Tages in mein Tagebuch. Vor meiner Nase rattert ein stinkender Dieselgenerator. Er versorgt die Funkbude und die meteorologische Station provisorisch mit Strom.

Es ist erstaunlich, wie schnell wichtige Teile unserer Infrastruktur bereitstehen, selbst das Örtchen für die Notdurft ist herbeigeschafft. Das Plumpsklo ist eine Hinterlassenschaft des sommerlichen Ice-Camps, an dem bereits einige Teilnehmer dieser Expedition teilgenommen hatten. Und mit dem Dinner ging sogar die provisorische Messe in Betrieb. Zwölfeinhalb Quadratmeter stehen für Küche und 21 Leute zur Verfügung. Wer zu spät zum Essen kommt, der muss erst mal draußen warten.

22. September 2007 – 2. Tag,

81.31 N – 103.49 E

Heute muss mein Balog unbedingt fertig werden. Obwohl ich zunächst gehofft hatte, die restlichen Arbeiten in ein paar Stunden erledigen zu können, dauert es bis zum Abend, bis der Rohbau einigermaßen steht. Bereits am Nachmittag ist es mir gelungen, den Ofen in Betrieb zu nehmen. Ich benötigte einen Stromanschluss, denn ohne Licht kann ich den Innenausbau des Balogs nicht weiterführen. Also bitte ich den Mechaniker, mein Haus möglichst schnell an das zentrale Stromnetz anzuschließen. Ein Anliegen, mit dem ich im Moment nicht alleine da stehe. Unser Teil der Station liegt gute 300 Meter vom Hauptgenerator entfernt und selbst bei bestem Willen lassen sich die Kabel auf dem Eis nicht so schnell verlegen. Also rät mir der Mechaniker, mich zunächst mit meinem Notgenerator zu begnügen. Der aber will nicht anspringen. Im Wettlauf gegen die einbrechende Dunkelheit versuche ich zusammen mit Aero-Vasja, das Gerät in Gang zu bringen. – Nichts! Wenige Minuten später ist der Generator im Werkstattcontainer verschwunden und erst später habe ich erfahren, dass einer unserer Mechaniker den Generator versehentlich falsch betankt hatte.

Am Abend wird eine kleine Geburtstagsfeier für Nikita ausgerichtet, der heute 23 Jahre alt geworden ist. Zwei Ölfässer werden auf dem Eis aufgestellt, fix ein paar Bohlen darüber gelegt – und schon steht die provisorische Festtagstafel. Während wir mit Vodka und Wein anstoßen, setzt auf der Scholle dichtes Schneetreiben ein. Ich ziehe mich bald von der Feier zurück, weil ich noch in der Nacht mein Häuschen fertig bekommen möchte. Doch noch bevor ich mein eigenes Feldbett aufstellen kann, blockieren bereits mehrere Lagerstätten den Raum. Die letzte Nacht hat unseren drei «Camping-Freunden» nicht so richtig gefallen und so sind sie ohne viel Federlesens zunächst einmal bei mir eingezogen. Wo drei Leute hineinpassen, da muss auch für vier Platz sein. Bereits fünf Minuten später ist auch mein Bett herbeigeschafft und aufgebaut. Es ist den Jungs sichtlich peinlich, dass sie den Hausherrn bei ihrer Umzugsaktion glatt übersehen hatten. Keine Frage, dass ich mein Balog einige Tage mit den obdachlosen Kollegen teile. Im Moment sind einfach nicht genügend Unterkünfte vorhanden. Ich verstehe gut, dass die Kollegen keine weiteren Nächte im feuchten und kalten Zelt verbringen möchten. Nach dem Aufbau unserer Lagerstätten gehen wir noch einmal zu Nikitas Geburtstagsfeier, aber kurz nach Mitternacht fordert der harte Arbeitstag seinen Tribut.

23. September 2007 – 3. Tag,
81.32 N – 103.32 E

Der dritte Tag auf der Scholle bringt uns unerwarteten Besuch. Doch zunächst einmal habe ich das Frühstück verschlafen. Niemand hatte mir gesagt, dass die Essenszeiten der geographischen Position angepasst worden sind. Frühstück hat es heute bereits um drei Uhr gegeben. Wer zu spät kommt, den bestraft das Leben – auch hier. Heute schaffe ich es erstmalig, von der Scholle aus mit dem Satellitentelefon Kontakt zum Rest der Welt aufzunehmen. Was für ein gewaltiger Unterschied zu früheren Zeiten der Arktisforschung, als die Expeditionen oft monatelang ohne jeglichen Kontakt zur Außenwelt waren oder sich mit ihr nur per Funk in Verbindung setzen konnten. Der Fortschritt kann aber auch zur Qual werden. Das Eingangsfach in meinem Mail-Account ist prall gefüllt. Bis ich die Nachrichten sortiert und meinen ersten Kontakt mit dem AWI hergestellt habe, vergeht einige Zeit.

Mein Balog bleibt derweil nicht wesentlich mehr als eine äußere Hülle. Solange meine drei «Asylbewerber» bei mir einquartiert sind, muss das Mobiliar im Container bleiben. Ich sitze auf meiner Raskladuschka und balanciere mein Notebook zwischen den Knien. Plötzlich wird es draußen laut. Beide Hunde schlagen an und bellen wie verrückt. Neugierig geworden, stecke ich den Kopf aus der Tür, kann aber zunächst nichts Verdächtiges erkennen. Irgendwo in der Nähe muss sich ein Eisbär herumtreiben ... Wenige Minuten später kann ich im Spot meines Flutlichtstrahlers zwei Petze erkennen, die sich am Rande unserer Station herumdrücken. Sie sind keine zwanzig Meter von mir entfernt und begutachten gerade die Funkbude, mein bisheriges Notquartier. Um meine Nachbarn zu warnen, feuere ich ein erstes Blitzknall-Geschoss ab, dann ein weiteres, um das unerwünschte Besucherpaar etwas weiter auf Distanz zu bringen. Es ist nicht das erste Mal, dass ich

Eisbären vis-à-vis gegenüberstehe. Weitere Schüsse knallen aus Signalpistolen und die beiden Raubtiere verschwinden in der Dunkelheit. Ich beschließe, in Sachen Eisbären in Zukunft etwas vorsichtiger zu sein.

25. September 2007 – 4. Tag,
81.36 N – 103.48 E

Der Aufbau der Station ist hart, täglich mindestens vierzehn Stunden Plackerei. Ich habe mich in die Arbeitsgruppe «Kajut Kompanja» eingereiht. Die Arbeit scheint mir nicht sonderlich planvoll organisiert zu sein, aber jeder werkelt munter vor sich hin. Erst heute habe ich erfahren, dass der gestrige Eisbärenbesuch nicht ohne Folgen geblieben ist. Die Hündin Dina ist seitdem verschwunden und vermutlich auf der Strecke geblieben. Mutig war sie den beiden Petzen gefolgt und wahrscheinlich ist sie ihnen zu nahe gekommen. Ein bitterer Verlust, zumal unser zweiter Vierbeiner noch viel zu unerfahren ist, um seinen Dienst als Wachhund vollwertig verrichten zu können. Nach getaner Arbeit genehmige ich mir heute Abend ein Bier. Ich muss den Gerstensaft aus einer Blechtasse trinken, meine Gläser habe ich zu Hause vergessen.

26. September 2007 – 5. Tag,
81.31 N – 103.12 E

Derzeit wird all unsere Kraft für den Aufbau des Lagers gebunden. Leider geht der Aufbau der Kajut Kompanja nur schleppend voran. Auch hier fehlt ein ordentlicher Bauplan und genau so sieht das Ergebnis unserer bisherigen Arbeit aus. Immer wieder müssen bereits fertiggestellte Arbeiten korrigiert werden. Wir hatten damit begonnen, eine Außenwand von beiden Seiten aus in Richtung Mitte zusammenzubauen. An der Nahtstelle der Platten klafft jedoch ein bis zu dreißig Zentimeter breiter Spalt. Eine Seite der Wand muss wieder abgebaut werden. Oft habe ich das Gefühl, dass wenig geplant oder vermessen, dafür aber umso mehr improvisiert wird. Andererseits sehe ich, dass jeder meiner Kollegen wirklich hart arbeitet. Alle wissen, wie wichtig die Kajut Kompanja, der große Gemeinschaftsraum, für die Expedition ist. Sie ist die Seele der Station. An diesem Ort werden nicht nur die gemeinsamen Mahlzeiten eingenommen, die Crew trifft sich hier zu Beratungen und den zahlreichen kleinen Feiern.

Mitten bei den Arbeiten an der Kajut Kompanja werde ich Zeuge einer spektakulären Rückkehr: Völlig unverhofft ist unsere Hündin Dina wieder aufgetaucht. Das Tier ist ausgehungert und noch scheuer als sonst. Es gab einen kleinen Volksauflauf und die Freude war groß, dass unsere Besatzung wieder vollzählig ist.

Am späten Abend versuche ich noch, die Tür zu meiner Hütte abzudichten – mit mäßigem Erfolg. Es wird mir den ganzen Winter lang nicht gelingen, diese Tür völlig dicht zu bekommen. Nach einigen relativ warmen Tagen mit geringem Frost ist es heute spürbar kälter geworden und ich muss noch dringend einige Sachen vor dem Frost retten, vor allem die Elektronik sowie meine Lebensmittel- und Getränkereserven.

28. September 2007 – 7. Tag,

81.30 N – 104.18 E

Heute haben wir die äußere Hülle der Kajut Kompanja fertigstellen können. Den ganzen Tag über wurde geschraubt und genagelt. Jetzt kann es an den Innenausbau gehen. Wie sich herausgestellt hat, stehen einige Teile der Station auf ziemlich dünnem Eis. Die Meteorologen mussten heute als erste ihre eingesackte Behausung aus dem Wasser ziehen. Das Balog wurde mit großen Holzbalken aus dem eingebrochenen Eis gewuchtet und nach der Aktion sahen wir, dass das Eis an dieser Stelle gerade einmal dreißig Zentimeter dick gewesen war. Unter dieser dünnen Schicht stand das Wasser etwa einen Meter tief. Darunter lag – zu unserer Beruhigung – mehrjähriges Eis von etwa zwei Metern Dicke. So eine Expeditionsscholle ist also alles andere als ein kompakter Eisblock, sie gleicht eher einem riesengroßen Schweizer Käse mit zahlreichen Löchern, Spalten und Poren. Der warme Sommer hat auch hier deutliche Spuren hinterlassen, die von den ersten Herbstfrösten und Schneeschauern überdeckt worden sind. Gewarnt durch den Vorfall, beobachtete ich das Eis nun wesentlich aufmerksamer. Dicht neben der Kajut Kompanja war ein Riss zu Tage getreten, aus dem Wasser nach oben quoll. Auch direkt neben meinem Haus ist das Eis nicht kompakt. Aber derartige Probleme gehören zur Normalität einer NP-Station. Bei -8 Grad komme ich das erste Mal dazu, mich etwas gründlicher der Körperpflege zu widmen. In einem großen Topf erwärme ich Wasser aus einer Eisspalte. Im Balog selbst gibt es im Moment keinen Platz für eine Wäsche. Überall liegen noch Ausrüstungsgegenstände herum und ich habe auch noch kein Waschbecken einbauen können. Deshalb muss ich den Topf mit dem heißen Wasser nach draußen tragen und dort auf das Abstellrost eines Transportschlittens stellen. Unter dem mitternächtlichen Polarhimmel erlaube ich mir den kleinen Luxus von Wäsche und Rasur. Es wurde auch höchste Zeit.

29. September 2007 – 8. Tag,

81.29 N – 104.20 E

Nach den Belastungen der letzten Tage fällt es mir immer schwerer, morgens in aller Frühe aus dem Feldbett zu kommen. Vasja, ein pensionierter Milizionär, scheint seine Freude daran zu haben, mich am frühen Morgen um zwei Uhr zu wecken. Da ich um diese Zeit nicht frühstücken will, drehe ich mich noch mal auf die andere Seite. Vasja nimmt seine Pflichten auf der Station sehr ernst, aber auch für ihn ist die Arbeit anstrengend. Als er ohne mich zum Frühstück gehen muss, höre ich ihn so etwas wie GULAG vor sich hin murmeln.

Wir werden es heute schaffen, fast alle abschließenden Arbeiten an der Kajut Kompanja zu erledigen. Bereits beim Innenausbau meines Hauses hatte ich bemerkt, dass meine Kollegen keine Virtuosen hinsichtlich der Elektrik sind. Ein halber Arbeitstag ist allein für die Verlegung von ein paar Metern Kabel und die Installation von zwei Lampen und drei Steckdosen draufgegangen. Danach hatte ich zwar Strom, aber immer, wenn ich mein Licht ausschalte, verabschiedet sich die Sicherung. Das Projekt wurde zur Sache von Ingenieur Sergeij, der bei mir aufkreuzte und sich des Problems annahm. Nach kurzer Suche – schließlich ist er im Hauptberuf Elektriker – hatte er eine Fehlschaltung gefunden. Endlich war ich stabil am Netz und nicht mehr auf den stinkenden Notgenerator angewiesen. Die Arbeiten in der Kajut Kompanja gehen zügig voran. Mit Feuereifer ist die Arbeitsgruppe bei der Sache. Nachdem ich mir einen Überblick über den Aufbau der Messe verschafft habe, stürze ich mich auf die Montage der Innenverkleidungen und den Ausbau der Balogs. Und plötzlich fühle ich mich richtig nützlich. Meine Kollegen klopfen mir auf die Schulter und ein anerkennendes «Molodez» (unter Russen großes Lob, bedeutet etwa: ein guter Junge) dringt über ihre Lippen. Unsere jungen Leute interessieren sich besonders für die Installation des Fernsehapparats. Weil ein direkter Empfang hier nicht möglich sein wird, haben sich meine Freunde eine umfangreiche Sammlung mit mehr oder weniger jugendfreien DVDs zugelegt. Doch bevor wir die Anlage testen können, müssen erst die Kartons mit den DVDs aus dem Schnee gegraben werden.

Auch heute wieder Spuren von Eisbären, keine fünfzig Meter entfernt. Niemand von uns hat die Tiere bemerkt. Die Expedition scheint in dieser Hinsicht unter keinem besonders guten Stern zu stehen. Hoffen wir, dass es nicht so bleibt.

30. September 2007 – 9. Tag,
81.49 N – 104.33 E

Auch diese Nacht gab es im Lager wieder Besuch durch Mischa – so der Kosename für die gefährlichen weißen Gesellen. Letzte Nacht sollen es eine Bärenmutter mit ihrem Jungen gewesen sein. Den ganzen Tag lang habe ich den Aeros beim Aufbau ihrer Hütte geholfen. Wir haben unsere Lehren aus den Fehlern der letzten Tage gezogen und bemühen uns, die Basisplatten ordentlich einzurichten. Und das ist der Schlüssel zum Erfolg, wir kommen jetzt deutlich schneller voran.

Wie vorausgesehen, kann die Kajut Kompanja am Sonntagabend eröffnet werden. Mit einem zünftigen Abendessen bei Vodka und Wein haben wir den Anlass gefeiert.

Ein paar Worte zu unserer Verpflegung: Der Kalorienverbrauch eines Menschen liegt bei Kälte und harter körperlicher Arbeit um einiges höher als im heimischen Büro. Ein Forscher benötigt pro Tag etwa 4800–5000 Kalorien, da die Expedition mehrere Monate von allem Nachschub abgeschnitten sein wird, müssen die Verpflegungsreserven sicher verwahrt werden. Ein Teil meiner Zusatzverpflegung wurde mir durch das AWI gestellt. Für die kleinen Luxusgüter, die vielfach auch der Freundschaftserhaltung dienen, habe ich dagegen tief in die eigene Tasche greifen müssen. Die Stationsvorräte müssen durch den Koch verarbeitet werden. Das Essen auf der Scholle ist ganz nach «russischer Art» – etwas gewöhnungsbedürftig, aber recht schmackhaft. Zu Beginn einer Mahlzeit wird immer eine Suppe serviert. Das Hauptgericht besteht zumeist aus zwei Komponenten, zum Beispiel aus Hähnchen mit Rote-Beete-Salat, Fisch mit Reis, Steak mit Kartoffeln, Gulasch mit Buchweizen, Boulette mit Nudeln oder Schnitzel mit Krautsalat. Zu allen Mahlzeiten wird nach russischer Sitte Brot gereicht. Zu Beginn gab es auch Knoblauch, der uns aber bald ausging. Das Gemüse für die Expedition war bereits im Mai auf der «Fedorow» gebunkert worden. Der Nachtisch besteht zumeist aus aufgekochtem Trockenobst und nur am Sonntag aus richtigem Kompott. Das sind zwar alles nicht gerade kulinarische Höhepunkte, aber man kann sich an die kalorienreiche Nahrung gewöhnen. Wieder ungebetener Besuch. Unsere Meteorologen, die rund um die Uhr auf Dienstposten sind, haben dieses Mal den Bären gesehen.

01. Oktober 2007 – 10. Tag,
81.45 N – 104.30 E

Die erste Hälfte des Arbeitstages habe ich zusammen mit den Aeros an ihrem Haus gearbeitet und anschließend versucht, die Einzelteile für meine zweite Hütte im Schnee zu finden. Immerhin liegen bereits die Kufen für die Konstruktion am Rande der «Stationsstraße». Wenn es in diesem Tempo weitergeht, wird es wohl noch einige Tage dauern, bis der Rohbau steht. Eigentlich sollte das Fertigteilhaus fabrikneu sein. Wie es aussieht, sind die Teile aber bereits im Jahre 2003 gefertigt worden. Die zusammenschraubbare Konstruktion erscheint simpel, die Qualität der Platten aber ist mehr schlecht als recht und ich kann mir kaum vorstellen, wie die Teile mehrere Expeditionen durchhalten sollen. Dagegen war der Preis für so ein Balog gepfeffert, etwa eine Million Rubel soll es gekostet haben, was etwa 30 000 Euro entspricht. Und gerade einmal für gut die Hälfte unserer Häuser waren Kleinteile und Dichtmaterialien vorhanden. Meine beiden Hütten sollen durch ein

Zwischensegment wetterfest miteinander verbunden werden. Um den Plan zu verwirklichen, muss ich mir allerdings noch etwas einfallen lassen, ist das Laborhaus doch zwanzig Zentimeter niedriger als mein zukünftiges Domizil.

Zur Abwechslung schaut heute mal Knuts Cousin mit seiner Mama vorbei. Ich werde in aller Frühe vom Knall der Leuchtpistolen geweckt, deren fauchende Geschosse die beiden Mischkas vertreiben sollen. Kaum habe ich den Kopf aus dem Haus gestreckt, erschallt schon der Warnruf: «Jurgen go home!» Dies ist nicht etwa die Aufforderung, unverzüglich nach Deutschland abzureisen, sondern auf keinen Fall den halbwegs sicheren Bereich der Hütte zu verlassen. Später werde ich, geschützt durch den Stationsleiter, der den Bären mit seinem Mauser-Gewehr im Visier hält, einige Film- und Fotoaufnahmen machen. Miserabel sind die hygienischen Bedingungen. An einen Wechsel der Wäsche ist in den letzten zehn Tagen nicht zu denken gewesen. Harte körperliche Arbeit und wenig Schlaf haben dazu beigetragen, dass die meisten Deos bei mir völlig versagen würden. Und meinen Kollegen geht es nicht anders. Bei -13 Grad unterziehe ich mich einer kompletten Körperwäsche im Neuschnee. Wieder stehe ich vor dem Transportschlitten mit dem Wassertopf. Aber heute wurde der Bau der Banja (Sauna) in Angriff genommen. Sie soll bis zum Wochenende fertiggestellt sein. Doch noch gehört die Vorstellung von einer finnischen Sauna und einer Wäsche in einem geheizten Raum in das Reich der Zukunftsträume.

02. Oktober 2007 – 11.Tag,

81.47 N – 104.4 E

Heute haben wir das erste Mal durchgehend Sonnenschein. Ganz entgegen der Vorhersage der Hamburger Wetterfrösche, die ich täglich aus Potsdam erhalte. Deutlich zeigte sich, wie groß die Unsicherheit der Vorhersagen in arktischen Regionen ist. Unsere Expedition soll zur Schließung dieser Lücke beitragen. Endlich soll auch mein Wohnhaus reale Formen annehmen. Am Vormittag fahre ich mit Jura, unserem Stationsarbeiter, zu einem der entfernteren Lagerplätze, um dort die Teile für das Haus zusammenzusuchen. Wieder zurück, geht es zuerst an die Verlegung der Bodenplatten. Dann können die ersten Außenwandteile aufgestellt werden. Ohne Winkel und Wasserwaage ist die präzise Ausrichtung der Segmente ziemlich schwierig. Obwohl bereits starker Wind aufgekommen ist, haben es Sergej-Aero und ich geschafft, bis zum späten Nachmittag das halbe Haus aufzustellen. Während des Abendessens erhalten wir eine Sturmwarnung. Außerdem ist in den nächsten Stunden mit einem Kälteeinbruch auf bis zu -20 Grad zu rechnen. Akute Gefahr für meinen Rohbau, dessen Einzelteile nur lose aneinander befestigt sind, denn die halbfertige Konstruktion könnte bei der ersten kräftigen Sturmböe wie ein Kartenhaus zusammenbrechen. Mit tatkräftiger Hilfe meiner russischen Kollegen schaffen wir es jedoch noch, den Rohbau des Hauses am späten Abend fertigzustellen. In meinem Container, in dem unzählige Transportkisten lagern, suche ich nach dem Rest der Lebensmittel, um diese vor dem anstehenden Frosteinbruch in Sicherheit zu bringen. Bis auf zwei Bierfässchen gelingt es mir, meine persönlichen Vorräte im beheizbaren Laborhaus einzulagern. Inzwischen ist der Sturm bereits aufgekommen und starke Windböen zerren an den Balogs. Todmüde falle ich in meine Koje.

03. Oktober 2007 – 12. Tag,

81.61 N – 105.26 E

Tag der Deutschen Einheit! So absurd es klingen mag, ohne den Beitritt der DDR zur Bundesrepublik wäre es mir wohl kaum möglich gewesen, an einer russischen NP-Driftexpedition teilzunehmen. Zu DDR-Zeiten hat es zwar eine enge Kooperation auf dem Gebiet der Geowissenschaften gegeben, bis zu einer Einladung auf eine NP-Expedition hat es aber nicht gereicht. Die persönlichen Kontakte zwischen ostdeutschen und russischen Geowissenschaftlern haben nach den politischen Umbrüchen die Forschungskooperation zwischen dem deutschen Alfred-Wegener-Institut und dem russischen AARI durchaus erleichtert. Von den zahlreichen gemeinsamen Projekten der russisch-deutschen Zusammenarbeit in der Polarforschung profitieren inzwischen nicht nur diese beiden Länder, sondern auch die gesamte internationale Forschungsgemeinschaft.

Während in Deutschland Politiker ihre geistreichen Feiertagsreden halten, nimmt mir auf der Scholle ein eiskalter Schneesturm den Atem. Sämtliche Außenarbeiten fallen aus und so komme ich dank des Sturms unverhofft zu so etwas wie einem Feiertag. Zum ersten Mal kann ich etwas ausschlafen und private Post erledigen. Dazu habe ich einen kleinen Tisch aufgestellt. Meine Füße bleiben bei zehn Grad Bodentemperatur kalt, dafür ist es unter der Decke mit 28 Grad mollig warm. Erstmalig habe ich die Zeit, mir ein Video auf meinem Computer anzuschauen. Um unsere Hütten herum wirft der Sturm inzwischen meterhohe Schneewehen auf.

04. Oktober 2007 – 13. Tag

Immer noch stürmt es heftig. Ich schnappe mir die Kiste mit den Materialien für die Ballonfüllanlage, schneide Schläuche zurecht und bringe die Kupplungen an. Die Anlage ist einsatzbereit und muss nur noch an der Startstelle installiert werden. Viel mehr bleibt im Augenblick nicht zu tun. Stationsleiter Alexeij kommt persönlich vorbei und stellt mir noch einen zweiten Tisch und einen weiteren Ofen vor die Tür. Dieser ist alles andere als ansehnlich und stark reparaturbedürftig. Trotzdem hege ich die Hoffnung, dass er halbwegs funktionieren wird. Viele kleine, aber dennoch sehr wichtige Dinge sind so schlecht vorbereitet worden, dass selbst meine leidgeprüften russischen Kollegen zu klagen beginnen. Denn sie wissen, es hätte eigentlich besser funktionieren müssen.

05. Oktober 2007 – 14. Tag,

81.82 N – 104.21 E

Ursprünglich hatte ich heute vor, die technischen Geräte für die Sondenmessungen aus dem Container zu räumen. Wind und Schnee machen mir aber einen Strich durch die Rechnung. Es ist unglaublich, wieviel Schnee der Wind mit sich führt. Wenn ich die Containertür auch nur ein paar Minuten auflasse, liegt hinter jeder Kiste eine kleine Schneewehe. Am Vormittag schaffe ich es, den Antennenstab für die Radiosondierungsanlage zu setzen. Dagegen scheitere ich kläglich mit dem Versuch, mein künftiges Wohnhaus auch nur halbwegs horizontal auszurichten. Es gibt auf der ganzen Station keine einzige Wasserwaage. Kleine Planungspannen wie diese gefährden zwar nicht die Mission, machen mir aber das Leben schwerer als nötig. Unterm Strich bin ich jedoch froh, kein wirklich lebenswichtiges Teil vergessen zu haben. Hier zeigt sich einmal mehr, wie wichtig es war, jeden Gerätesatz vor der Verschiffung noch einmal zusammenzubauen und auf seine Funktionsfähigkeit zu testen. Genügend andere Risiken gibt es dann immer noch.

Am Nachmittag bereite ich meinen Rechner für die Radiosondierungen vor. Nach dem Abendessen zieht mit Vasja mein letzter Mitbewohner aus. Endlich kann ich in der Hütte Ordnung schaffen und mir so etwas wie einen Arbeitsplatz einrichten. Um mich herum stapeln sich die Kisten mit Gerätschaften, Materialien, Verpflegung und Getränken.

06. Oktober 2007 – 15. Tag,

81.74 N – 103.14 E

Endlich ein Tag, an dessen Ende ich mit den Ergebnissen meiner Arbeit richtig zufrieden sein kann. Bereits vor dem morgendlichen Mittagessen flaute der Wind plötzlich so weit ab, dass wir die Außenarbeiten wieder aufnehmen konnten. Ich habe die Gelegenheit genutzt, um mir einen Tisch fürs Labor zu bauen. Auf dem Vorplatz meiner Hütte lagen bereits die Latten bereit, aus denen ich mir die Teile für den Tisch zurechtsägen wollte. Während ich in aller Seelenruhe vor meiner Hütte sitze und die Holzteile bearbeite, erschallt vom meteorologischen Messfeld her ein schriller Warnpfiff. Ein neugieriger Eisbär hat sich dem Mast bis auf wenige Meter genähert. Das Tier wird mit einer Trillerpfeife, ein paar Leuchtkugeln und einem scharfen Schuss vor die Tatzen vertrieben. Doch es gelingt mir noch, ein paar schöne Fotos von dem Petz aufzunehmen.

Nach dem Essen wird auch der Tisch fertig. In meinem Labor-Balog sind fast alle Wände schief geraten und mir bleibt nichts anderes übrig, als die bescheidene Innenausstattung der Lage anzupassen. Endlich kann ich mich auch dem Aufbau der Messstation zuwenden, die später die Daten von den Wetterballonen empfangen soll. Schon fährt mir der nächste Schreck in die Glieder, die Empfangsantenne passt nicht auf die vorgefertigte Konstruktion, die ich bereits auf dem Container installiert hatte. Ein ordentliches Holzvierkant am Laborgebäude erfüllt diesen Zweck auch. Bis zum Dinner ist dann auch diese Antenne montiert. Ohne ein gewisses Talent für Improvisation ist man auf einer derartigen Expedition völlig aufgeschmissen.

In den Abendstunden konnte ich noch ein paar Regalbretter anbringen sowie die DigiCORA (Empfangsanlage für die Radiosonden) aufstellen und die Sondierungssoftware zum Laufen bringen.

Heute war endlich einmal wieder Freiluftwaschen angesagt.

07. Oktober 2007 – 16. Tag,

81.68 N – 102.67 E

Wenn das Wetter einigermaßen gut ist, geht der Aufbau der Station zügig voran. Nach der langen Arbeit gestern bin ich heute ein wenig später aufgestanden. Ich habe mich auf die Suche nach meinem Stapel mit Balken und Holzplatten für die Startstelle gemacht und diese zusammen mit Andreij dorthin transportiert. Jede der 26 Platten wiegt an die zwanzig Kilo. Zum Glück konnten wir einen der Schneeskooter zum Transport verwenden. Bis zum Dinner haben wir die Plattform für den Zelt-Hangar fertiggestellt.

Mit A. Wisnewskij und Sergeij Lesenkow bespreche ich die nächsten Schritte. Morgen soll der Hangar fertig werden, am Dienstag ein Gasrack zum Zelt geschafft werden. Das ist ein Bündel aus zwölf Gasflaschen, in denen das Helium für die Ballone gespeichert wird. Ich frage mich, wie der Transport des Gasracks vonstatten gehen soll. Ganz einfach: Das Bündel wird mit einem Flaschenzug über das Eis gezerrt. So wie die Kollegen von der Aerologie es heute schon mit einem der Balogs getan haben.

Bei der Gelegenheit spreche ich ein Problem an, das leider immer noch nicht geklärt ist, den Austausch unserer Messdaten, insbesondere der aerologischen und meteorologischen Daten. Die Leitung der Station verspricht mir, die offenen Fragen bis Montag endgültig zu klären. Ohnehin muss Wisnewskij mit Sokolov in St. Petersburg telefonieren. Ich hoffe, dass es beim Datenaustausch keine Schwierigkeiten geben wird. Schließlich ist meine Beteiligung an der Expedition nur dann sinnvoll, wenn beide Seiten von allen Messdaten profitieren können.

08. Oktober 2007 – 17. Tag,

81.61 N – 102.19 E

Gerade marschiert mal wieder ein Eisbär mitten durch die Station. Schon knallen mehrere Schüsse und einige Leuchtkugeln fliegen laut zischend durch die Luft. Müssten wir uns von den Vierbeinern ernähren, dann würde es uns wahrscheinlich gar nicht so schlecht gehen. Für uns sind die Bärenbesuche lästig und gefährlich, aber eigentlich sind wir es doch, die in das Revier der weißen Gesellen eingedrungen sind.

Nachdem der Wind im Laufe des Vormittags weiter nachgelassen hatte, wage ich mich an den Aufbau des großen roten Hangars. Das Paket mit dem Zelt habe ich schweißbedeckt aus dem Schnee graben müssen, es war völlig unter einer großen Schneewehe verschwunden. Bereits gestern hatten wir das Baumaterial zum Aufbauplatz geschafft, aber noch ist es so windig, dass wir warten müssen. Eine halbe Stunde vor dem Lunch können wir loslegen. Mit mehreren Kollegen schaffen wir es, das Zelt provisorisch aufzurichten, doch richtig zufrieden sind wir mit dem Ergebnis unserer Arbeit noch nicht. Die Luftkammern, die den Hangar stabilisieren sollen, sind nicht prall genug gefüllt. Der Kompressor spielt nicht mit. Ich vermute, dass die Versorgungsspannung nicht ausreicht, liegen doch knapp achtzig Meter Stromkabel zwischen ihm und dem Startplatz. Immer wieder fällt das Zelt in sich zusammen. Mit einem eilig herbeigeschafften Ersatzgerät, das ein wenig besser funktioniert, können wir das Problem lösen. In wenigen Minuten hat sich das Zelt stabil aufgerichtet. Es kostet mich noch zwei Stunden, um den Hangar ordentlich zu vertäuen.

Der leuchtend rote Hangar misst fünfzig Quadratmeter im Grundriss und ragt fast vier Meter hoch auf. Die mit Reißverschlüssen zu öffnenden Türen sind mit Seitenlängen von dreieinhalb Meter so ausgelegt worden, dass unser Fesselballon gut hindurch passt. Sie prägen die Frontseiten des Hangars, dessen

Stabilität durch eingebaute Luftschläuche gewährleistet wird, die als Stützen für die Zelthülle dienen. Die ganze Konstruktion funktioniert wie eine straff aufgeblasene Luftmatratze.

Nach dem Dinner entbrennt unter den Arbeitsgruppen eine heftige Debatte um die Stromkontingente. Ich hatte zwar bereits im Vorfeld der Expedition fünf Kilowatt angemeldet, aber offenbar gibt es Versorgungsprobleme. Heftig wird um die Stromzuteilungen gefeilscht. Ich kann die Diskussion sprachlich kaum verfolgen und möchte mich höchst ungern auf eine Debatte einlassen. Um eine optimale Lösung zu finden, wird für die nächste Woche ein Generaltest angesetzt. Ich bin gespannt, wer da wie viel Strom verbrauchen wird, habe aber meine stillen Zweifel, ob sich durch einen Test an der prekären Situation etwas ändern wird. Zumindest erhalte ich ab morgen Strom für den Hangar. Mal sehen, ob dann endlich auch mein Kompressor funktioniert.

09. Oktober 2007 – 18. Tag,

81.58 N – 101.98 E

In aller Frühe bespreche ich noch einmal das Stromproblem mit Sergeij-Mechanik und kläre, an welche Stelle der Anschluss für den Hangar verlegt werden soll. Im Laufe des Tages wird auch das Gasrack zum Zelt geschleppt. Die Aktion, die zeitweise sehr brenzlig aussieht, klappt schließlich ohne Komplikationen. Und schon fange ich damit an, die Ballonfüllanlage zu installieren. Bevor ich mit den Messaufstiegen beginnen kann, müssen unsere Ozon- und die Fesselsonden vorbereitet werden. Auch «Miss Piggy», unser großer roter Fesselballon, der wie ein kleiner Zeppelin aussieht, ist noch nicht aufgeblasen. Morgen wird daraus nichts, denn ich habe meinen ersten Stationsdienst. Am Abend spiele ich eine Runde Domino mit Sergeij-Chef. Meine Kollegen waren vom Spielekasten derart begeistert, dass er gleich für die Messe in Beschlag genommen wurde.

Heute wurde der Banja-Plan für den nächsten Tag ausgelost. Ich ziehe die «Glückszahl» 21 und werde damit wahrscheinlich leer ausgehen. Denn ausgerechnet zur ausgelosten Zeit habe ich Küchendienst. Zwar wasche ich mich inzwischen regelmäßig in oder vor meiner Hütte, meine Klamotten aber hätten eine Reinigung bitter nötig. Doch ohne ausreichend heißes Wasser ist ein Waschtag in meiner Hütte einfach nicht zu bewerkstelligen. Ich frage mich seit einigen Tagen, warum aus der Versorgung mit Wasser so ein Problem gemacht wird. Noch gibt es jede Menge tiefe Schmelzwassertümpel auf der Scholle. Diese sind zwar inzwischen mit einer Eisschicht bedeckt, die aber leicht durchbohrt werden kann, um Trinkwasser zu schöpfen. Die Kiste mit den Tauchpumpen ist wohl noch nicht gefunden worden …

10. Oktober 2007 – 19. Tag,

81.55 N – 101.92 E

Zum ersten Mal habe ich Stationsdienst. Da ist den ganzen Tag lang für Beschäftigung gesorgt. Gegen 2.30 Uhr Ortszeit hat sich der Diensthabende in der Messe einzufinden, um das Frühstück für die Stationsbesatzung vorzubereiten. Die erste Aufgabe besteht darin, das Wasser für den Tee und den Kaffee aufzubrühen. Dann ist das Brot aufzuschneiden und auf die Tische zu verteilen. Unser Koch kümmert sich derweil um den Morgenbrei. An jedem Morgen gibt es für uns irgendeine Kascha (Getreidebrei aus Graupen, Grieß oder ähnlichem). Diese typisch russische Art der Nahrung entspricht nicht meinem Geschmack. Bislang habe ich mich noch nicht an den Morgenbrei herangetraut. Zum Glück stehen aber auch noch Käse,

Salami, Bierschinken und hart gekochte Eier auf dem Speiseplan.

Nach jeder Mahlzeit hat der Stationsdienst den Müll zu entsorgen, den Abwasch zu bewerkstelligen sowie Tische und den Boden zu reinigen. Gerade für einen Neuling ist es schwer, dabei mit so wenig Wasser wie möglich auszukommen. Da ich bei früheren Messkampagnen im Gebirge auch mit einem Minimum an Wasser auskommen musste, ist die Situation für mich nicht ganz ungewohnt. Für den Tagesbedarf der Kajut Kompanja reichen etwa hundert Liter aus.

Der Stationsdienst bietet einen großen Vorteil: Es ist der einzige Tag, an dem man seine eigene Wäsche waschen darf. Was aber auch bedeutet: Die Kleidungstücke müssen immer für knapp drei Wochen reichen – auch das zwingt zu einer Genügsamkeit, wie ich sie mir unter heimatlichen Bedingungen kaum vorstellen könnte. Am Vormittag schnappe ich mir meinen großen Beutel mit der Schmutzwäsche und pilgere von meiner Unterkunft in die Banja, wo ein großer Tank mit heißem Wasser zur Verfügung steht. Die Wäsche muss mit der Hand in kleinen Schüsseln gewaschen werden und ich habe mir reichlich Waschmittel mitgebracht. Während ich meine Wäsche säubere, überlege ich mir, wie praktisch eine kleine Waschmaschine wäre. Mit ihr würde ich wohl auch weit weniger Wasser verbrauchen als mit meiner Handwäsche.

Erst am späten Abend, ich habe so gegen 21.00 Uhr meine Aufgaben in der Kajut Kompanja erfüllt, kehrt für mich ein wenig Ruhe ein. Ich habe mich noch mit einem der Meteorologen verabredet. Die Mets haben einen eigenen Dienstplan, weil immer einer von ihnen für die Wetterbeobachtungen und für die regelmäßigen nächtlichen Rundgänge in Bereitschaft stehen muss. Wie bitter notwendig derartige Kontrollen sind, wird sich bald unter Beweis stellen, wenn unter der Station erstmalig das Eis bricht. Der Stationsdienst geht auch während der Nacht weiter – an Schlaf ist also nicht zu denken. Die letzte Aufgabe des alten Diensthabenden besteht darin, sich noch einmal zur Wasserstelle aufzumachen, um den neuen Tagesbedarf für die Küche heranzuschleppen. Erst nach dem Frühstück kann ich mich kurz zur Ruhe begeben – bis andere Ereignisse mich wieder auf den Plan rufen.

11. Oktober 2007 – 20. Tag,

81.55 N – 101.80 E

Kaum liege ich nach meinem Küchendienst in meiner Koje, knallen schon wieder Schüsse durch das Lager. Ich habe überhaupt keine Lust darauf, noch einmal aufzustehen. Man gewöhnt sich sogar an die Anwesenheit von Eisbären. Kurz nach zehn Uhr ist die Ruhe für mich schon wieder beendet. Schnell eine Tasse Kaffee geschlürft, und schon geht es hinaus. Ein Notstromgenerator wird zum Hangar geschafft und dort angeschlossen. Meine Kollegen Vasja und Nikita (Met-Station) schauen neugierig bei mir vorbei. Vasja und Sergeij (Aero-Station) sind auch gerade damit beschäftigt, die zahlreichen Schläuche zur Befüllung ihrer Ballons zu verlegen. Zusammen mit Vasja und Nikita bereite ich die technischen Geräte für die Sondenaufstiege vor. Nach dem Dinner ist es dann endlich soweit: Zusammen mit Vasja bereite ich unsere erste Ozonsonde vor. Am späten Nachmittag schaut die Bärin, die zuvor bereits zwei Mal gesichtet worden war, bei den Meteorologen vorbei. Ich spurte vom Hangar zum Haus, um die Kamera zu holen. Aber die Bärenmutter ist mit ihren beiden Jungen schon wieder zu weit entfernt, um noch ordentliche Aufnahmen machen zu können.

Am Abend ist für mich eine ungeliebte Pflichtaufgabe angesagt, die Berichterstattung. Auch auf der Scholle geht es nicht ohne Bürokratie ab. Da im Moment Unmengen unbearbeiteter

E-Mails in meinem Account liegen, beschränke ich mich allein auf die wichtigsten Anfragen. Heute habe ich Nachricht vom RBB erhalten. Da ich in Sachen Fernsehdokumentation noch ein völliger Amateur bin, hat es mich sehr gefreut, dass die Redaktion mit den Aufnahmen von der «Fedorow» ganz zufrieden war. Ich merke kaum, wie schnell über dem Schreibkram die Zeit vergeht und so ist bereits die halbe Nacht vorbei, als ich endlich ins Bett komme.

12. Oktober 2007 – 21. Tag,
81.61 N – 101.57 E

Ein wenig müde habe ich am frühen Morgen mit dem Bau eines weiteren Tisches angefangen. Dann kommen Vasja und Nikita und wir beginnen damit, den Fesselballon zu füllen. Der Ballon füllt im Zelt-Hangar mehr Raum aus, als ich zunächst erwartet habe. Doch für ein größeres Zelt hat der Expeditionsetat in diesem Jahr leider nicht gereicht. Zusammen mit der anderen Technik kann es knapp werden.

Das Thema Datenaustausch scheint sich bei meinen russischen Kollegen zu einer Staatsangelegenheit auszuweiten. Die Entscheidung über das Problem liegt nun beim Moskauer «RusHydroMet». Für mich ist es kaum nachvollziehbar, wie schwer sich die russische Seite immer noch mit wirklicher Kooperation tut. Die von uns gemessenen aerologischen und meteorologischen Daten können doch nicht wie eine Geheimsache behandelt werden. Später erfahre ich, dass gerade derartige Daten früher als geheim eingestuft wurden. Ich kenne diese Art von Geheimniskrämerei noch aus den Anfangszeiten meines Berufslebens, als der Meteorologische Dienst der DDR dem Innenministerium unterstellt war. Allerdings ist der Kalte Krieg nun schon seit zwanzig Jahren vorbei. International ist inzwischen ein breiter Datenaustausch üblich. Meine Potsdamer Kollegen und ich bedauern es inzwischen, dass die Frage des Datenaustausches nicht detaillierter in unserem Kooperationsvertrag, auf den sich die russische Seite sonst immer gerne beruft, geregelt worden ist.

14. Oktober 2007 – 23. Tag

Der gesamte Tag ging mit dem Test der Batterien für die Fesselsonden drauf. Unsere Aeros haben heute morgen ihre erste Radiosonde gestartet, leider klammheimlich und ohne mich. Offenbar wollten sie unbedingt die Ersten sein. Den zweiten russischen Aufstieg zeichne ich testweise mit meiner Anlage auf. Zur Feier des ersten Sondenaufstiegs gibt es am Abend einen kleinen Umtrunk. Es wird so lange getrunken, bis der bereitgestellte Vodka restlos alle ist. Da ich mich dem nicht wirklich entziehen kann, geht die Feier nicht ganz ohne Spuren an mir vorüber. Sergeij-Aero kramt unter seinen total überalterten Computerbüchern die etwas neueren und nicht ganz jugendfreien DVDs hervor.

15. Oktober 2007 – 24.Tag,

81.57 N – 102.01 E

Der Tag ist nicht gerade mit Glück gesegnet. Zwar ist es mir problemlos gelungen, den zweiten Sondenaufstieg der Aeros mitzuschneiden, zum Lunch kommt es dann aber ganz dicke. Wir haben sehr kräftigen Wind und der Hangar ist auf der Luvseite eingeknickt. Zum Glück steht der Notgenerator bereits einsatzbereit neben dem Kompressor. Der Luftdruck des Kompressors reicht gerade aus, um den Hangar wieder aufzurichten. Allerdings nicht auf Dauer. Ein paar Stunden später geht der Schlamassel schon wieder los, denn jetzt bekommen wir auch den Generator nicht mehr in Gang. Die Techniker vertrösten mich auf morgen. Ich bin einigermaßen besorgt und starte einen erneuten, diesmal erfolgreichen Versuch. Bei laufendem Generator und mit einigem Kraftaufwand bekomme ich den Hangar weitgehend wieder aufgestellt. Nur eine der Eckstützen ist immer noch ein wenig instabil. Zwar steht beim nächsten Kontrollgang noch alles, aber das Stabilitätsproblem bereitet mir dennoch erhebliche Sorgen. Was soll werden, wenn die stürmischen Wintertage kommen? Ich hoffe sehr, dass wir das Problem in den Griff bekommen werden. Schließlich hängt das gesamte Projekt von der Stabilität des Zeltes ab. Am Ende des Tages verziehe ich mich nach der Rettungsaktion in mein Haus und falle völlig erschöpft auf meine Klappliege, die mir immer noch als Schlafstatt dient. Es ist wieder reichlich spät geworden. In sechs Stunden wird der Wecker klingeln – zum Mitschnitt des nächsten Sondenaufstiegs.

16. Oktober 2007 – 25. Tag,

81.54 N – 102.71 E

Langsam beginnt Routine in die Arbeit einzuziehen. Zum Lunch teilt mir Sergeij-Mechanik mit, mein Generator sei repariert. Bevor ich das Gerät abholen kann, muss ich mit Vasja erst die Ozonsondierung vorbereiten. Und dann will ich mir auch noch einen zünftigen Flaggenmast organisieren. Ein wenig Protokoll soll schon sein – für den ersten deutschen Sondenaufstieg auf einer russischen Scholle. Leider ist der Wind heute zu schwach, um meine beiden Flaggen am Mast richtig flattern zu lassen. Dennoch, um 4.23 Uhr UTC (11.23 MESZ) startet die erste AWI-Sonde in den wolkigen Himmel. Ich kann mit dem Ergebnis meiner Arbeit zufrieden sein. Auch die Probleme mit dem Zelt scheinen nun einigermaßen gelöst zu sein. Mit dem reparierten Generator gelingt es mir, den Hangar zu stabilisieren. Zusätzlich sichern Verschlüsse die Überdruckventile, die sich als die eigentlichen Übeltäter beim Einbrechen des Zeltes unter der Windlast erwiesen haben. Durch den Wind wird der Druck in den Luftkammern auf der Leeseite des Zeltes erheblich erhöht. Infolgedessen lassen die Sicherheitsventile dort ein wenig Druck ab. Dies geschieht bei jedem Windstoß, wieder und wieder, bis irgendwann der Druck in den Kammern nicht mehr ausreicht, um das Zelt stabil zu halten.

Am Nachmittag baue ich noch ein paar Regale ein und vergesse darüber beinahe zwei Ereignisse, das Dinner und den gleichzeitig stattfindenden Sondenaufstieg der Russen. Zum Glück fällt mir auf dem Weg zur Messe das Licht im Hangar und im Balog der Aeros auf. Ich mache auf dem Absatz kehrt und werfe schnell meine Computer an.

Schon wieder gibt es neue Probleme. Angeblich soll mein Ballonofen zu viel Energie fressen. Der Ofen wird vorerst an meinen Generator angeschlossen und dort zeigt sich, dass der Stromverbrauch des Ofens mit 300 Watt ziemlich gering ist. Als ich ihn einschalte, bewegt sich der Zeiger des Messgerätes für den Stromverbrauch kaum merklich. Unter Zeugen wiederhole ich den Vorgang und freue mich im Stillen, dass die Ursachen für das Problem nicht bei meinen Geräten zu suchen sind. Ich kann den Generator abschalten und den Ofen wieder an das zentrale Stationsnetz anschließen. Am späten Abend begieße ich gemeinsam mit den Mets und Aeros meinen ersten Sondenaufstieg. In nördlicher Richtung erscheint plötzlich ein Licht am Horizont. Für einen Stern steht es zu tief … Vielleicht ein neugieriges U-Boot?

17. Oktober 2007 – 26. Tag,
81.53 N – 102.81 E

Seit Tagen versuche ich, einmal etwas zeitiger in die Koje zu kommen. Immer wieder zieht sich meine Arbeit endlos in die Länge. Unmengen an E-Mails muss ich beantworten, dann noch schnell das eine oder andere Programm ausprobieren oder meine Daten versandfertig aufbereiten.

Nach langer Vorbereitungszeit konnte ich mit Nikita erstmalig den Fesselballon starten. Der Durchzug einer Wetterfront hat den Aufstieg leider frühzeitig beendet, aber immerhin, ein Anfang ist gemacht. Nun ist unser Observatorium aufgebaut und voll einsatzbereit. Zwischendurch melde ich den aktuellen Status nach Potsdam und erhalte umgehend eine Gratulation zurück. Hier auf der Scholle bin ich zwar weit von meinen Kollegen am AWI entfernt, ich weiß aber, wie stark meine Betreuungsgruppe an meiner Arbeit interessiert ist. Zahlreiche Forscher benötigen meine Daten dringend für ihre Projekte. Klaus Dethloff, mit dem ich nun doch noch telefoniere, wirkt heute sogar ein wenig euphorisch. Ich habe das Besondere an der Situation noch gar nicht so richtig realisiert. Ich habe halt einfach meine Arbeit getan, so gut wie möglich ... Trotz der vielen Probleme hat sich alles zum Guten gewendet, da hat er recht, schließlich habe ich einen Meilenstein im Ablauf des Projektes erreicht.

Ich für meinen Teil rette erst einmal meine Suppen- und Obstbüchsen. Es ist spürbar kälter geworden und ich befürchte, dass sie mir einfrieren werden. Gestern konnte ich im letzten Moment zwei Bierfässchen retten. Eins war schon erheblich ausgebeult und wäre wahrscheinlich kurze Zeit später geplatzt. Auf Spezialitäten wie «Eisbier» und die Schweinerei in meiner Lebensmittelkiste kann ich im Moment gerne verzichten. Zur Feier des heutigen Tages spendiere ich mir noch ein Glas Rotwein.

18. Oktober 2007 – 27. Tag,

81.59 N – 103.0 E

Astronomisch gesehen werden die Tage spürbar kürzer, auf die Arbeitstage trifft das Gegenteil zu. Seit sechzehn Stunden bin ich auf Achse und habe mein Tagessoll immer noch nicht geschafft. Stundenlang habe ich am Zubehör für die Fesselsonden gebastelt, um sie z. B. besser lagern und schneller transportieren zu können. In einem langen Gespräch mit Sergeij-Aero klären wir die praktischen Fragen, die mit den künftigen gemeinsamen Radiosondierungen zusammenhängen. Denn es geschehen noch Zeichen und Wunder! Heute kam endlich die offizielle russische Zustimmung zu einem vollständigen Austausch der meteorologischen und aerologischen Messdaten. Damit ist die Tür für eine echte wissenschaftliche Zusammenarbeit weit aufgestoßen worden. Ich muss Sergeij für seine Bodenstation ein Parameterfile erstellen, damit wir auch empfangsseitig auf derselben Grundlage arbeiten. Nebenbei bereite ich noch die Ozonsondierung für den Zwölf-Uhr-UTC-Aufstieg vor. Es soll die erste Joint-Sondierung werden, d. h. eine einzige Radiosonde liefert die Daten für unsere beiden Forschungsinstitute. Aber wie es das Schicksal so will, die erste Sondierung endet mit einem völligen Fehlschlag. Zunächst verabschiedet sich meine Sondierungssoftware und nach wenigen Minuten gibt dann auch noch die Sonde ihren Geist auf. Zumindest reicht es nicht für eine brauchbare Messreihe. Ein wirklich toller Start des gemeinsamen Projektes. Aus Potsdam kommt der Hinweis, ich möge den Start am nächsten Tag wiederholen. Eine überflüssige Aufforderung, da ich dies ohnehin getan hätte. Zu allem Überfluss sind heute auch noch die Wochenberichte fällig. Die hätte ich doch bei all dem Trubel beinahe vergessen.

Polarnacht

19. Oktober 2007 – 28. Tag,
81.66 N – 103.08 E

Der Morgen beginnt mit heftigem Schneefall und ich kann den Tag ein wenig ruhiger angehen. Da der Schnee zumeist nur kurze Zeit fällt, verabrede ich mich mit Vasja, um später den Fesselballon aufzulassen. Die Zeit sitzt mir im Nacken, denn ich muss den Aufstieg bis 14.00 Uhr beendet haben, um noch eine Ozonsonde starten zu können. Da wir für Radio- und Fesselballonsondierungen dasselbe Empfangssystem benutzen, können die Messung nicht zeitgleich durchgeführt werden.

Punkt 13.00 Uhr will WDR 2 ein Live-Interview mit mir machen. Das Problem mit den Messungen löst sich fast von selbst. Der Wind wird für den Fesselballon in der Höhe zu stark und es kommt Nebel auf. Ich schaffe es gerade noch, die Radiosonde bis zum Starttermin vorzubereiten. Heute klappen Aufstieg und Messung einwandfrei. Von den raubeinigen Kollegen gab es schon ein paar herbe Sticheleien ob der gestrigen Pleite, höchste Zeit, dass mein guter Ruf wiederhergestellt ist.

20. Oktober 2007 – 29. Tag,
81.70 N – 103.22 E

Langweilig wird es hier wirklich nicht. Am Morgen erledige ich meine E-Mails und stelle meine Messdaten für die Übertragung zusammen. Nach dem Lunch beschließe ich, den Fesselballon ein weiteres Mal aufzulassen. Doch kaum habe ich mit den Vorbereitungen begonnen, kommt schon wieder Nebel auf. Eisnebel ist der Tod einer jeden Fesselsondierung. Er setzt sich in wenigen Minuten überall fest, am Seil, den Sonden und auf der Oberfläche des Ballons. Eis und Reif bekommen ein so starkes Gewicht, dass der Ballon samt Sonden innerhalb kürzester Zeit zurück auf das Eis gezerrt wird. Ich habe mit diesem Phänomen schon einige negative Erfahrungen auf Spitzbergen gemacht und reichlich Lehrgeld zahlen müssen. Doch Potsdam benötigt Daten und nach Abwägung aller Umstände entscheide ich mich, den Aufstieg mit verringerter Aufstiegshöhe zu wagen. Ich will mit dem Ballon unterhalb des Hochnebels bleiben und so wenig Material wie möglich den eisigen Schwaden aussetzen. Sicherheitshalber müssen 200 Meter Höhe ausreichen. Auch Potsdam hat ein wenig Angst um das wertvolle Gerät und bittet mich ein paar Tage später, die Aufstiegshöhen gering zu halten. Das ist nicht weiter problematisch, denn bereits nach einigen Aufstiegen stellt sich heraus, dass gerade die oberflächennahen Daten für die Forschungsarbeiten besonders interessant sind. Zum Lunch ziehe ich den Ballon wieder herunter. Es steht eine Routinesondierung an. Und es ist bis dato auch noch nicht geklärt, ob die Sender der Fesselsonden die Telemetrie der Radiosonden stören können.

Meine beiden Mitstreiter von der Met-Station sind nach dem heutigen Besuch der Banja nicht wieder bei mir aufgetaucht. Auch wenn es im Augenblick etwas ärgerlich ist, habe ich dafür doch Verständnis. Banja-Tag ist für meine russischen Kollegen so etwas wie Sonntag. Obwohl im Moment die Sauna noch gar nicht fertig und die Körperpflege deshalb auf eine Wäsche mit drei Schüsseln warmen Wassers beschränkt ist. Jedenfalls muss ich nach der Sondierung den Fesselballon im Hangar lassen. Vier Stunden aufgezeichnete Daten müssen eben für heute reichen. Um die Daten für den Versand nach Potsdam aufzuarbeiten, benötige ich am Abend gute zwei Stunden. Meine Kollegen in Potsdam leben von meinem Futter und ich habe schon den Ehrgeiz, die Datensätze möglichst noch am Tag der Messung zu versenden.

21. Oktober 2007 – Tag 30,
81.75 N – 103.65 E

Ein kurzer Blick aus der Tür zeigt mir, dass der Tag ganz hoffnungsvoll beginnen kann. Ich werde mit Nikita wieder «unsere kleine Sau» rauslassen. Unsere kleine Sau, das ist der Fesselballon. Sein Spitzname ist seit Langem «Miss Piggy», so genannt wegen seiner satten Rundungen und der roten Farbe. Für das heutige Experiment ist eine Aufstiegshöhe von 1200 Metern vorgesehen, die sich aufgrund des starken Höhenwindes aber auf nur 450 Meter verringert, und dies auch nur mit drei Sonden. Prompt kommt auch Nebel auf und ein tief liegendes Wolkenfeld zieht über uns hinweg. Zwei Stunden nach dem erfolgreichen Start muss ich das Rigg wieder einholen, Seil und Sonden sind völlig vereist. Die letzten hundert Meter wird es richtig ernst. Der Wind zerrt so stark an dem Ballon, dass die Winde versagt. Nikita und ich müssen den Ballon per Hand niederholen. Wir schnappen uns einen Karabinerhaken, den wir wie eine Umlenkrolle in das Seil einhaken, eine Arbeit, die trotz der Kälte schweißtreibend ist. Nach einer halben Stunde schaffen wir es endlich, alles Gerät unversehrt zu bergen.

Am Nachmittag verabschiedet sich meine Unterbrechungsfreie Stromversorgung (USV). Die benötigen wir vor allem für den stabilen Betrieb unserer zahlreichen elektronischen Gerätschaften. Mein Gerät spinnt schon den ganzen Tag und muss aufgrund der immer noch instabilen Stromversorgung ständig auf Batterie gefahren werden. Plötzlich ein Blitz, ein Knall und dann ist Ruhe im Karton. Der Ausfall der USV ist fatal. Zwar kann ich froh sein, dass mir das Balog nicht abgefackelt ist, doch wegen der ständigen Stromausfälle riskiere ich, meine wertvollen Messdaten zu verlieren. Und ich war heute nicht der Einzige: Vier weitere USV geben allein an diesem Tag ihren Geist auf. Wenn das so weitergeht, können wir bald unsere elektronischen Geräte einpacken. Ich riskiere es trotzdem, die anstehende Ozonsondierung durchzuführen. Es klappt. Und Rettung naht auch schon. Mein Problem mit der USV hat sich auf der Station schnell herumgesprochen und Andreij bietet mir ein Austauschgerät an. Das Hilfsangebot meines russischen Kollegen nehme ich von Herzen gerne an. Gegenseitige Hilfe ist hier selbstverständlich und geschieht ohne große Worte.

Für den Abend ist eine Party angesetzt. Die Station besteht jetzt genau einen Monat und ein solches Ereignis wird auf den Driftstationen traditionell gefeiert. Auch wenn wir wegen des Wetters davon nicht viel bemerkt haben, heute war der Beginn der langen Polarnacht. Bis Mitte März werden wir die Sonne nicht mehr zu Gesicht bekommen. Ich weiß, dass meine russischen Kollegen kaum eine Gelegenheit für eine kleine Party auslassen. Wenn es darum geht, die Stimmung etwas zu heben, sind sie recht erfinderisch. Es gibt leckeres Essen, gefüllte Hähnchenbrust, Kaviar und Salat. Dazu natürlich Vodka und Wein. Zur Feier des Tages werden durch die Expeditionsleitung einige Gaben verteilt, fünf Tafeln russischer Schokolade, Vitamintabletten und eine kleine chinesische Thermotasse.

23. Oktober 2007 – 32. Tag,

81.82 N – 104.00 E

Heute will ich endlich den Rest der aufgelaufenen Daten aufbereiten. Nicht alles, was von uns aufgezeichnet wird, ist für die Forschung brauchbar und ich muss mir überlegen, wie die Datensätze per Satellitentelefon am besten übertragbar sind. Es dauert fast den ganzen Tag, bis die Sondierungsdaten soweit aufbereitet sind, dass ich sie nach Potsdam versenden kann.

24. Oktober 2007 – 33. Tag,
82.10 N – 104.80 E

Ein heftiger Sturm braust mit bis zu 15 m/s ums Haus. Bei einem solchen Wind versucht jeder von uns, in seiner Hütte zu bleiben. Weit und breit ist kein Mensch auf der Scholle zu erblicken. Ich nutze die Zeit und bearbeite meine Messdaten. Zum Lunch gibt es eine kleine Überraschung, auf jedem Tisch steht eine Flasche Vodka. Ich frage nach dem Grund für diese milde Gabe und schmunzelnd erklären mir meine Kollegen, wir hätten auf unserer Scholle in der letzten Nacht den 82. Breitengrad passiert. Jeder von einer NP-Station erstmalig überschrittene Breitengrad wird auf diese hochprozentige Weise begangen. Nach dem Essen gönne ich mir, leicht angeheitert, eine kleine Ruhepause.

Der Hangar bereitet mir wieder Probleme. Windstöße haben einen Weg unter den Zeltboden gefunden und heben dabei die Bodenplane an. Im Zelt sind die Ausrüstungsgegenstände durcheinandergeflogen und es sieht aus wie nach einem Luftangriff. Es ist kaum zu glauben, was für ein Gewicht der Wind mit Hilfe einer solchen Plane anheben kann. Ein wenig ratlos stehe ich vor dem Chaos und weiß nur, dass ich mir ziemlich schnell etwas einfallen lassen muss. Vielleicht kann ich erst einmal einige Bretter als Windblenden um das Zelt herum anbringen, aber ob das helfen wird? Notfalls könnte ich zwischen dem Zelt und den Brettern Schnee aufhäufen. Als letzter Ausweg bliebe mir vielleicht, den Zeltboden aufzuschneiden und damit den Druck von der Plane zu nehmen.

25. Oktober 2007 – 34. Tag,
82.28 N – 105.11 E

Schon den zweiten Tag ist es ausgesprochen stürmisch. Ich versuche die Bilder zu bearbeiten, die meine Potsdamer Kollegin Marion für die Website des AWI angefordert hat. Leider verfüge ich wegen des miserablen Wetters in den letzten Wochen kaum über geeignetes Material.

Seit heute Morgen hat unsere Scholle schon wieder zehn Kilometer zurückgelegt. Das ist für eine Drift eine enorme Geschwindigkeit und ich wage kaum daran zu denken, welche gewaltigen Kräfte dabei auf das Eis wirken müssen. Im Laufe des Tages lässt der Wind aber nach und es dürfte bald etwas langsamer vorangehen.

Nach der Ozonsondierung komme ich auf den letzten Drücker dazu, meine Wochenberichte zu schreiben. Als Techniker liebe ich die praktischen Herausforderungen, Bürokratie dagegen ist absolut nicht mein Ding. Bevor der Tag endgültig zu Ende geht, bereite ich eine weitere Ozonmessung für den nächsten Tag vor.

28. Oktober 2007 – 37. Tag,

82.51 N – 103.26 E

Die Driftgeschwindigkeit unserer Scholle hat sich wie erwartet deutlich verlangsamt. Seit der Wind auf Nord gedreht hat, scheinen wir wieder ein wenig in Richtung Süden zurückfallen. In der Nacht war die Umstellung auf die Moskauer Winterzeit. Auch die Hauptmahlzeiten wurden dem neuen Rhythmus angepasst, sie finden jetzt um 9.00, 14.00 und um 19.00 Uhr statt. Pech für mich, denn die Zeit für das Mittagessen kollidiert mit meinen Vorgaben für die Radiosondierungen. Die Messungen gehen vor und ich muss zusehen, wie ich auch noch um 14.30 Uhr zu einer Mahlzeit komme.

Gleich nach dem Frühstück wollte ich bei gutem Wetter den Fesselballon auflassen. Daraus ist nichts geworden, denn mein Gehilfe Vasja wurde für den Bau der Sauna eingeteilt. Da ich den großen Ballon nicht alleine aus dem Hangar bekomme, bleibt mir nichts anderes übrig, als zu warten. Die Zeit nutze ich und kalibriere die Messfühler, was wegen der Nähe zum magnetischen Pol unbedingt erforderlich ist.

Dann haben wir den Fesselballon doch noch für fast drei Stunden in die Luft gebracht, allerdings nur auf 250 Metern Höhe, da der Wind recht stark war. Der Aufstieg brachte sehr interessante Ergebnisse, wir konnten die Entstehung einer Bodeninversion messen.

29. Oktober 2007 – 38. Tag,

82, N –10 E

Mein zweiter Einsatz als Diensthabender. Die Aufgaben in der Kajut Kompanja gehen mir leicht von der Hand. Der andere Teil des Dienstes ist wesentlich unangenehmer. Bei meinen regelmäßigen Rundgängen schaue ich nach Rissen im Eis, nach den Spuren von Eisbären und nach unserem Hangar. Den nächtlichen Dienst teile ich mit dem Diensthabenden für die Hauptgeneratoren, der die Infrastruktur der Station im Auge behält, und dem Wetterbeobachter. Heute bleibe ich von Eisrissen und der Begegnung mit hungrigen Bären verschont. Und am Abend gleicht meine kleine Bude einem Wäschetrockenraum, überall unter der Decke hängen die nassen Sachen. Dazu habe ich zwei Leinen gespannt.

31. Oktober 2007 – 39. Tag,

82.43 N – 102.19 E

Obwohl mir der Dienst vom Vortage noch ziemlich in den Knochen steckt, dulden die Ozonmessungen keinen Aufschub. Dann war noch der Wochenbericht zu erledigen und eine Live-Schaltung zum WDR. Heute morgen sind die Bedingungen für einen Fesselaufstieg günstig. Scherzhaft nen-

nen wir das unsere Fesselspielchen. Gleich nach dem Frühstück erhebt sich der rote Ballon in die Lüfte. Klarer Himmel und vergleichsweise wenig Wind. Dafür haben wir satte -28 Grad Celsius! Da wird es einem reichlich frisch um die Nase. Schade, dass der Ballon zur Mittagssondierung schon wieder eingeholt werden muss.

Weil Banja-Tag ist, kann ich nicht mehr mit der Hilfe meiner Kollegen rechnen. Auch ich habe mal wieder eine etwas intensivere Körperreinigung nötig. Außerdem soll heute ein besonderes Ereignis gefeiert werden – unsere Sauna geht endlich in Betrieb. An fast alles wurde gedacht, es gibt Steine für den Aufguss und sogar mehrere Säcke Laubreiser für die Massage. Birke, Eiche und Eukalyptus stehen zur Auswahl. Nur an das Sauna-Thermometer hat niemand gedacht.

Kaum bin ich frisch gewaschen aus der Banja zurück, beginnt der Ofen in meinem Labor zu spinnen. Immer will er ausgehen. Kein Wunder, da das Öl bei Temperaturen um -25 Grad im Tank zu gelieren beginnt. Plötzlich gibt es einen großen Knall, die Herdplatte fliegt krachend zu Boden, und jede Menge Ruß verteilt sich in meiner Bude. Aber der Ofen funktioniert wieder. Und ich habe eine Weile zu tun, um die Hütte auf Vordermann zu bringen. Eine Prozedur, die sich häufig wiederholen wird. Am Saunatag gibt es von der Station für jeden Kollegen eine Extraration – zwei Dosen Bier, von denen ich jeden einzelnen Schluck genieße.

01. November 2007 – 40. Tag,

82.41 N – 101.93 E

Ein neuer Monat hat begonnen. Aber was spielt das hier schon für eine Rolle? Zum Abend hatte ich unsere Mechaniker eingeladen. Zur Pflege der freundschaftlichen Beziehungen stand ein Fünf-Liter-Fässchen Wernesgrüner aus meinen Lagerbeständen bereit. Leider flog bei dem Versuch, das Fass zu öffnen, die Zapfvorrichtung heraus und ich habe eine unangenehme Dusche aus Gerstensaft verpasst bekommen. Meinen Kollegen habe ich die Trauer um den Verlust des kostbaren Nasses an den Nasenspitzen angesehen.

Die Qualität so mancher Produkte lässt unter arktischen Bedingungen deutlich zu wünschen übrig. Mein Pullover löst sich an den Nähten auf. Selbst Mützen und nagelneue Jeans waren schon nach wenigen Tagen unbrauchbar. Mein Wecker «made in Germany» geht aus unerfindlichen Gründen pro Tag fünfzehn Minuten nach. Ein beträchtlicher Teil der Akkus ist völlig unbrauchbar und die USV geben reihenweise den Geist auf. Selbst einige Messgeräte sind nicht für solch tiefe Temperaturen ausgelegt, wie sie hier vorkommen können. Zu Hause wäre das alles kein großes Problem. Hier, wo an Nachschub überhaupt nicht zu denken ist, allerdings schon. Zu meinem großen Glück sind bislang noch keine unersetzbaren Messgeräte ausgestiegen. Mit allen anderen Unbequemlichkeiten werde ich schon zurechtkommen.

02. November 2007 – 41. Tag,

82.39 N – 101.48 E

Für den Abend habe ich die Chefs der Station auf einen kleinen Umtrunk zu mir eingeladen. Neben zahlreichen anderen Problemen kommt auch mein halbfertiges Haus zur Sprache. Da mir die wissenschaftlichen Aufgaben kaum Zeit lassen, etwas an dem Haus zu tun, könnte ich für ein paar schwere Arbeiten gut einige helfende Hände gebrauchen. Alexeij verspricht, in den nächsten Tagen Hilfe für den Ausbau meines Wohnhauses abzustellen. Es muss endlich fertig werden, schließlich ist Potsdam für die Miete meiner «Immobilie» schon kräftig in Vorleistung gegangen.

03. November 2007 – 42. Tag,
82.39 N – 101.07 E

Die Messungen auf dem Eis sind zur Routine geworden. Heute ist wieder Ozontag. Vasja muss darin geübt werden, die gesamten Vorbereitungen selbstständig zu erledigen. Das klappt auch schon ziemlich gut. Ich hoffe, dass er nach einer oder zwei weiteren Messungen die Aufgabe im Griff hat.

Die Arbeiten am Haus sind heute noch nicht wieder aufgenommen worden. Lediglich Sergej-Mechanik ist kurz vorbeigekommen, um sich nach meinen «elektrischen Wünschen» zu erkundigen. Die Anordnung der Steckdosen und Lampen haben wir ganz schnell klären können. Vasja und Sergej habe ich zu einem Kaffee Marke Ny-Alesund eingeladen. Zu geselligen Anlässen wird der Kaffee auf Spitzbergen mit Weinbrand und einem reichlichen Schuss Baileys getrunken. Nach dem Abendessen gibt es ein weiteres Treffen bei mir, zu dem ich die Teams der meteorologischen und der aerologischen Station eingeladen habe. Mein Expeditionsvorrat bestückt die Tafel: Brot und Wurst, aber auch Vodka und Bier. Und Sergej-Aero outet sich im Laufe des Abends als begeisterter Rammstein-Fan.

04. November 2007 – 43. Tag,
82.36 N – 100.74 E

Die letzten Tage waren bitterkalt und es ist auch unglaublich klar. Eigentlich das beste Wetter für unsere Fesselballonaufstiege. Ich überprüfe zunächst die morgendliche Radiosondierung und plane anhand der Daten die Fesselsondierung für den Nachmittag. Obwohl es in der Höhe recht windig ist, lassen wir am Rigg die ersten zwei Sensoren auf. Dann gibt es Probleme. Die Windgeber der restlichen Sonden sind eingefroren. Die Sonden wurden wie gewöhnlich im eiskalten Container gelagert. Zur Vorbereitung der Sondierung habe ich sie kurz in das beheizte Labor geholt. Diese Zeit hatte zwar ausgereicht, um den angesetzten Reif auftauen zu lassen, aber zum Trocknen hatte es nicht gereicht. Frost um -25 Grad lässt die restliche Feuchtigkeit in den kleinen Schalensternen augenblicklich gefrieren. Nichts geht dann mehr. Zwar hatte ich schon ein Ersatzset vorbereitet, inzwischen hat der Wind in der Höhe jedoch derart zugenommen, dass an einen Aufstieg nicht mehr zu denken ist. Am späten Nachmittag bin ich gezwungen, die ganze Aktion abzublasen. Schade! Es wäre heute bestimmt sehr interessant geworden, die bodennahen Schichten auf ihre Dynamik hin zu untersuchen.

Für mich als Aerologe ist es außerordentlich interessant und faszinierend, die enormen Unterschiede der Windgeschwindigkeit in den bodennahen Luftschichten zu beobachten. Während direkt über dem Eis kaum ein Luftzug spürbar ist, würde einem ein paar Meter höher bereits ein ordentlicher Wind um die Ohren pfeifen. Dieses Phänomen habe ich in dieser Regelmäßigkeit und Intensität bisher noch nicht beobachten können und auch meine Kollegen in Potsdam sind von den Messergebnissen begeistert.

05. November 2007 – 44. Tag,

82.33 N – 100.53 E

In den letzten Tagen hat sich eine stabile Wetterlage eingestellt. Es ist sehr ruhig geworden, am Morgen schneit es meist ein wenig, dann klart das Wetter recht bald auf. In meinem Wohnhaus ist inzwischen das elektrische Licht installiert worden und ich nutze die Gelegenheit, um richtig aufzuräumen. Zunächst einmal muss ich den Innenraum der Hütte vom Schnee befreien, der durch mehrere Ritzen gedrungen ist und sich an verschiedenen Stellen zu kleinen Schneewehen aufgehäuft hat. Der Ofen vor meinem Haus steht zur Hälfte in einer Schneewehe. Ich grabe ihn aus und schaffe ihn zum Auftauen ins Haus. Er ist derartig verdreckt, dass ich ihn auf keinen Fall im Labor auftauen kann. Um etwas Wärme in die Hütte zu bringen, lasse ich meinen kleinen Heizlüfter (Made in USSR) an. Trotz 1,25 KW Leistung dauert es ziemlich lange, bis die Innentemperatur über den Gefrierpunkt gestiegen ist. Kein Wunder, kann ich doch immer noch zwischen einigen Paneelen nach draußen schauen. Wie es im Moment aussieht, werde ich wohl noch eine ganze Weile im Labor neben meinem Schreibtisch schlafen müssen.

06. November 2007 – 45. Tag,

82.34 N – 100.36 E

Ein glasklarer und eiskalter Wintertag hält die Station im Griff. Bereits in der Nacht hatten wir Probleme mit dem Generator, mindestens zehn Mal war die Stromversorgung für kurze Zeit unterbrochen. Die Steuerung des Generators ist ausgestiegen, wie mir Sergej-Mech beiläufig berichtet. Petersburg hätte ruhig etwas mehr Geld in die Stromversorgung investieren können, haben die Generatoren doch schon mehrere Expeditionen auf dem Buckel und verschlingen bei einer Leistung von 40 KWh jeden Tag ein komplettes 200-Liter-Fass Diesel.

Gemeinsam mit Vasja will ich nach dem Frühstück den Fesselballon starten. Zunächst aber ist noch das Gestänge an der Schwanzflosse von Miss Piggy zu reparieren. Eine Gewindepressfassung ist aus einem der Karbonstäbe ausgerissen. Da uns die Herstellerfirma kein Ersatzgestänge bereitgestellt hat, wird ein Reserveballon als Ersatzteillager ausgeschlachtet. Doch obwohl die Reparatur ohne Komplikationen verläuft, kommen die Messungen nicht richtig voran. Wieder bereiten uns die Messgeräte Sorgen. Immer wieder kommt es bei einzelnen Sonden zu Aussetzern im Messbetrieb oder bei der Datenübertragung zur Bodenstation. Es bleibt dann nichts anderes übrig, als das gesamte Gespann wieder einzuholen. Erst lange nach der Mittagszeit ist das Rigg wieder aufgelassen. Kaum in der Luft, steigen kurz nacheinander wieder zwei der Sensoren aus. Es ist heute wirklich zum Mäusemelken! Einen der beiden Sensoren kann ich noch in Gang bringen. Der zweite Messfühler ist einfach zu hoch im Rigg befestigt und es würde heute nicht mehr viel bringen, das gesamte Gespann einzuholen. So bleibt das Rigg bis zum späten Abend oben. Fünf funktionierende Sensoren am Seil sind immer noch besser als gar keiner.

08. November 2007 – 46. Tag,

82.31 N – 99.78 E

Zunächst war die planmäßige Ozonsondierung angesagt, Nikita hatte den Part des Lehrlings zu übernehmen. Er zeigt sich sehr interessiert und macht seine Sache auch schon ganz gut.

Wie es aussieht, beginnen sich meine Kollegen in Potsdam bereits etwas Sorgen um mich zu machen. Ich soll etwas weniger arbeiten! Mein Arbeitstag beträgt durchschnittlich zwischen 14 und 16 Stunden, manchmal länger, bei Sturm naturgemäß etwas weniger. Da immer wieder unvorhersehbare Ereignisse eintreten, ist die ganze Arbeit nicht in wesentlich weniger Zeit zu schaffen.

Da ist z. B. Peter, mein Potsdamer «Master of Ozon». Er will sich fortan nur noch alle drei Tage mit einer Ozonmessung begnügen. Dafür hätte ich dann ja ein wenig mehr Zeit für die Fesselsondierungen. Auch die russischen Partner haben Anspruch auf regelmäßige Messreihen, ansonsten wären die Vereinbarungen über den gemeinsamen Datenaustausch für die Katz gewesen.

Der heutige Arbeitstag beginnt damit, dass ich die Winsch für den Fesselballon vor den Hangar stelle. Meine Hoffnungen auf einen perfekten Aufstieg werden enttäuscht, da es zu windig ist. Wenn der Wind zu stark wird, ist der große Ballon vom Boden aus nicht mehr zu handhaben. Ich nutze die Zeit, um den Hangar etwas straffer aufzublasen. Jetzt, wo der Zeltaufbau stabil steht, habe ich endlich die Möglichkeit, das leidige Problem mit den Bodenplane anzugehen. Gemeinsam mit Nikita schaufele ich jede Menge Schnee vor die Unterkante auf der Luvseite des Zeltes. Ich hoffe, dass die Bodenplane nicht mehr vom Wind angehoben werden kann. Die Lösung funktioniert einigermaßen.

Ich schneide mir Sperrholzplatten für einen weiteren Tisch und einige Regale zu. Bald kommt Nikita vorbei, um mir beim Bau des Hauses unter die Arme zu greifen. Wir beginnen, die Bodenpaneele ordentlich miteinander zu verbinden. Dann sind die Dachpaneele an der Reihe. Einige der Paneele sind so stark verzogen, dass sie sich auch mit Montierhebel und Vorschlaghammer nicht mehr ausrichten lassen. Dann muss Nikita los und seine Wetterbeobachtung machen. Vasja-Aero löst ihn ab und hilft mir noch eine kleine Weile. Es scheint ihm aber etwas zu kalt zu sein und so schaut er sich bald nach einer neuen Arbeit um. Ich arbeite bis zum Abendessen alleine weiter. Für den späteren Abend bleiben nur noch eine Deckenplatte und die Frontseite zu verbinden. Zudem muss jede noch so kleine Fuge abgedichtet werden. Ist das Haus im Rohbau fertig, muss der Ofen in Gang gebracht werden, danach sind noch das Bett, ein Tisch und weiteres Inventar zu bauen.

09. November 2007 – 47. Tag,

82.25 N – 99.47 E

Heute ist Freitag und die meisten meiner Landsleute werden sich schon am frühen Nachmittag in das Wochenende verabschieden. Auf der Scholle unmöglich. Welcher Wochentag gerade ist, spielt keine Rolle. Für heute ist wieder eine Ozonsondierung angesetzt und ich bereite den Start gemeinsam mit Vasja vor. Doch weil unser aller Chef Alexeij dringend ein paar statistische Daten von der Wetterstation braucht, muss Vasja die Arbeit abbrechen. Am Nachmittag erwische ich unsere Mechaniker, wie sie gerade dabei sind, mir einen fünf Meter hohen Mast vor den Hangar zu setzen – für die Stromversorgung. Im letzen Moment kann ich sie von dem unsinnigen Vorhaben abbringen. Ein Mast samt Kabel in direkter Nähe zum Hangar – und ich darf da dann jeden zweiten Tag hinaufklettern, um dort meinen Ballon und meine Sonden abzupflücken.

Am Abend baue ich mit Vasja-Aero wieder ein wenig an meinem Haus. Er hält es aber wegen der Kälte nicht allzu lange draußen aus. Es ist unwahrscheinlich kalt geworden und ich bin ein wenig stolz darauf, mit den tiefen Temperaturen zumindest genauso gut zurechtzukommen wie die meisten meiner russischen Kollegen – und sogar ein wenig besser als Vasja. Nach dem Abendessen arbeite ich, bis alle Paneele am Haus fest verbunden und verschraubt sind. Jetzt kann es an die Isolation und den Innenausbau gehen. Die Einzelteile für den Tisch habe ich bereits fertiggestellt.

10. November 2007 – 48. Tag ,

82.22 N – 99.57 E

Tag der Miliz

Ein sehr netter Abend ist zu Ende. Vasja-Aero hatte zum Umtrunk eingeladen. In Russland wird heute der «Tag der Miliz» begangen und da hat auch ein bereits pensionierter Milizionär zu feiern. Der Leiter der Station ist mit von der Partie.

Eigentlich wollte ich heute einen freien Tag nehmen, war dann aber doch reichlich beschäftigt. Ein paar Stunden habe ich am Haus geschraubt und Bretter zurechtgesägt. Die Herstellung eines Tisches mag unter normalen Bedingungen simpel sein. Hier ist es fast schon so etwas wie ein kleines Projekt. Bei der Planung meiner Inneneinrichtungen hatte ich leider Aufmaße angefertigt, die von einigermaßen geraden Wänden ausgingen. Mit der Realität hatte das dann wenig zu tun. Bereits in Höhe der Tischplatte war am Bau eine Abweichung von über drei Zentimetern zu verzeichnen. Ich konnte meine Pläne vergessen und musste ein zweites Mal zum Fuchsschwanz greifen. Bis zum Abend schaffe ich es, außer dem Tisch auch noch ein kleines Regal fertigzustellen.

Am Rande gibt es noch eine kleine Anekdote zu berichten. Unsere russischen Mets wollten gerne ein paar Daten an ihren Petersburger Projektleiter Alexander senden. Doch ohne eine offizielle Zustimmung, die per Satellitentelefon eingeholt werden muss, geht das nicht. Die Entscheidung über einen zusätzlichen Datentransfer darf nur der Logistik-Chef des AARI treffen – mit welchen Banalitäten dieser Mann behelligt wird … Und die Telefonkosten für dieses Genehmigungsverfahren werden wahrscheinlich teurer sein als der eigentliche Datentransfer. Ich bin heilfroh, dass ich mit meinem Satellitentelefon über eine eigene Verbindung verfüge und wenigstens in dieser Hinsicht nicht auf das Wohlwollen meiner Partner angewiesen bin. Ganz unkompliziert lasse ich mir deshalb die Daten von den Mets geben und schicke sie kurz und bündig über mein Telefon nach St. Petersburg. Die Kosten von 4,30 Euro wird unser Expeditionsetat gerade so noch verkraften können.

12. November 2007 – 49.Tag,

82.22 N – 98.76 E

Zwei Tage sind vergangen. Gestern war der 11.11. und damit war nach heimatlicher Sitte eigentlich der Anlass für eine kleine Feier gegeben. Schnell den Sekt kalt gestellt und etwas vom Hochprozentigen aus dem Container geholt. Ich merkte bald, dass die närrische Zeit in diesem Kulturkreis unbekannt ist, nur Nikita hatte ein feines Näschen für den Beginn des Karnevals. Leicht angeheitert, habe ich den Rest des Tages nur noch mit halber Kraft gearbeitet, ein paar Kanthölzer, meine letzten Sperrholzplatten sowie ein paar Bauplatten aus einer hohen Schneewehe gegraben und den ganzen Kram zum Trocknen in mein Haus geschafft.

Vor dem Abendessen haben mir Vasja und Nikita den Ofen in meinem zukünftigen Wohnhaus installiert. Morgen kann der Tank angeschlossen werden und dann werden wir sehen, ob die Bude endlich warm wird.

Nach dem Abendessen wühle ich mich durch meine Boxen im Container. Ich suche mein zweites Telefon. Von der AWI-Logistik in Bremerhaven bin ich für alle Fälle mit einem Ersatztelefon ausgestattet worden. Selbstverständlich habe ich detaillierte Packlisten von jeder einzelnen Kiste. Da ich die Kisten aber bereits mehrfach umgestapelt und umgepackt habe, helfen die akribisch geführten Packlisten nicht mehr weiter. Im Container suche ich vergeblich. Vielleicht komme ich im Labor, in dem sich noch einige Kisten befinden, weiter. Als ich das Teil dort endlich entdeckt habe, kann ich nur mit dem Kopf schütteln. Ein uraltes Modell, und die Anschlüsse für den Computer und die Datenübertragung passen auch nicht. Zum Glück hatte ich Akkus für beide Modelle in meiner Ausrüstung. Ich hoffe dennoch, dass wir das Ersatzgerät niemals für den Datentransfer benötigen werden.

Akademik Federow,
Basis für die Schollensuche

Helikopter geht auf Erkundungsflug

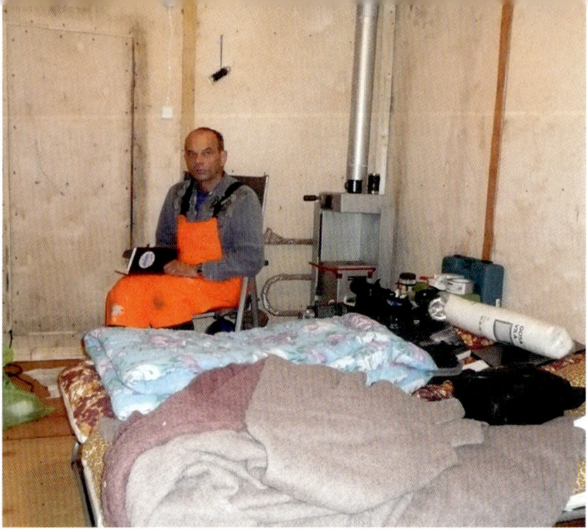

Trautes Heim

Die Stationscrew

NP-35 Baustelle bei Sonnenuntergang

Halb Lager, halb Labor, die Arbeit wird aufgenommen

Ein Ballon geht auf Reisen

Die Ballonstartstelle

The day after, das Eis bricht auf

DES, Energiegewinnung
aus Diesel

Häufige Besucher

Station in Station, die deutsche Station NP-35

Die Hauswärmeversorgung

Polar-5, AWI Forschungs- und Transportflug

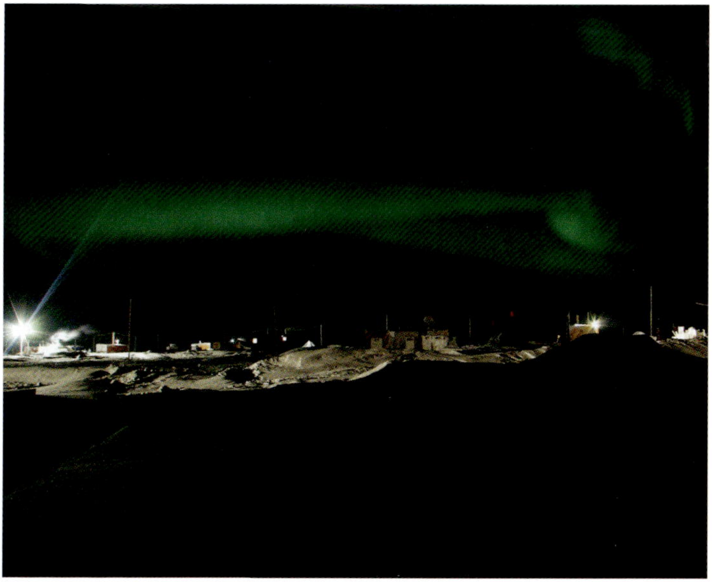

Polarnacht, selten beobachtetes Polarlicht

-40 Grad, Vermummungsgebot

13. November 2007 – 53. Tag,

82.26 N – 98.24 E

Weil es draußen stürmisch ist, fallen die Ballonaufstiege aus. Ich übe mich an Holgers Skripten zum Driftplot und zur Wettergrafik, baue weiter an meinem Haus und versuche, meinen Ofen erstmals in Gang zu bekommen. Vasja hat mir den Tipp gegeben, die Dieselleitung von allen Wasserrückständen zu befreien. Und das erweist sich als hilfreich! Mein Ofen kommt in Betrieb. Jetzt kann ich damit beginnen, den Rohbau des Hauses langsam trockenzulegen. Im Moment fehlen mir noch die Materialien, um mit dem Innenausbau weiterzukommen.

14. November 2007 – 54. Tag,

82.12 N – 97.68 E

Der heutige Tag hatte es in sich. Am Morgen war das Wetter prachtvoll. Ich passe Sergeij ab und verschaffe mir anhand der aktuellen Daten einen Überblick über den Zustand der Atmosphäre. In Bodennähe ist es sehr windig. Ich riskiere trotzdem einen Fesselsondenaufstieg. Gemeinsam mit Nikita bringe ich das Gespann auf fast 400 Meter Höhe. Da Nikita noch nicht sehr viel Erfahrungen mit den Sonden hat, dauert das Auflassen des Gespanns etwas länger als erwartet. Eines unserer beiden Funkgeräte steigt aus, sodass keine direkte Verständigung zwischen dem Labor und der Startstelle möglich ist. Ich muss deshalb ständig hin und her flitzen. Um zwölf Uhr ist es dann geschafft. Der Wind weht immer noch kräftig und ich bin ein wenig um die Technik besorgt. Zwischen den Messungen versuche ich erfolgreich, meinen Ofen im Haus wieder in Gang zu bekommen. Bereits kurz nach seiner ersten Reparatur war der Tank verstopft.

Ich habe mir die Zeit genommen, endlich meinen Container aufzuräumen und dort wieder etwas Platz zu schaffen. Die

Latten, die ich als Dichtung zwischen den Platten im Haus verwenden wollte, musste ich mir mühsam aus dem Schnee graben. Im Haus können sie jetzt trocken werden. Von Alexeij bekomme ich nach dem Dinner einen ganzen Stoß Leisten für die Abdichtung der Innenkanten in die Hand gedrückt. Nachdem wir die Hausarbeiten erledigt haben, holen Nikita und ich das Ballon-Gespann wieder ein. Für die technische Nachbereitung eines Aufstieges muss eine gute Stunde angesetzt werden. Es war die beste Fesselsondierung, die wir bislang durchgeführt haben. Fast acht Stunden war der Ballon in der Luft und wenn nicht zwischendurch eine der Sonden ausgefallen wäre, dann hätten wir einen wirklich perfekten Aufstieg hingelegt.

15. November 2007 – 55. Tag,

82.11 N – 97.53 E

Immer noch muss ich mit schmerzendem Rücken auf meiner alten und unbequemen Raskladuschka schlafen und darf dort von einem richtigen Bett träumen! Aber die Eckfüße für das neue Bett sind schon zurechtgeschnitten. Die Holzkloben sollen gleichzeitig dazu dienen, einige offene Fugen im Boden abzudichten. Wenn das Wetter weiterhin so stürmisch wie heute bleibt, kann ich schon morgen die Dichtungen anbringen. Ist dieser Schritt vollbracht, wird mein neues Bett bald fertig sein.

Kurz vor Mitternacht gewinnt der Sturm bedenklich an Kraft. Ich streife meine Klamotten über, um die Sicherungsleinen des Hangars nachzuziehen und die untere Frontseite mit Schnee zu verstärken. Nicht noch einmal soll der Wind den Boden des Hangars anheben. Miss Piggy muss auch umgesetzt werden, damit Vasja morgen seinen Ballon auf der Leeseite aus dem Hangar holen kann.

16. November 2007 – 56. Tag,

82.15 N – 97.98 E

Die Hoffnung auf eine schnelle Norddrift hat sich wieder zerschlagen. Der kräftige Wind ist schon in aller Frühe abgeflaut. Am Morgen zieht zudem dichter Nebel auf. Da die Fesselsondierung ausfallen muss, mache ich mich wieder an den Haus- und Bettenbau, hobele Füße und Latten für das Bett zurecht. Kurz vor dem Abendessen habe ich die Tischlereiarbeiten erledigt und kann jetzt damit beginnen, die Ritzen und Fugen des Hauses zu verschäumen. Anschließend beginne ich damit, die einzelnen Teile meines zukünftigen Bettes zusammenschrauben. Nach dem Dinner dichte ich weitere Bodenleisten ab, schäume die inneren Unterkanten ein und verschraube sie mit den Holzleisten. Langsam sollte das zugige Haus etwas dichter werden. Nachdem ich mehrere Tage lang im Schweiße meines Angesichts dem Handwerk alle Ehre gemacht habe, merke ich, dass ich mich endlich einmal wieder gründlich waschen müsste.

17. November 2007 – 57. Tag,

82.15 N – 98.05 E

Wieder Stationsdienst. Bei 21 Leuten auf der Station ist bis auf die Leitung jeder zum Dienst verpflichtet. Vor und nach dem Lunch wasche ich meine Wäsche. Ein schöner Berg ist zusammengekommen, da ich das letzt Mal nicht alles geschafft hatte. Nach dem Dinner komme ich noch dazu, ein Stückchen weiter an meinem neuen Bett zu bauen. Nach erfülltem Tagewerk sitze ich noch ein wenig mit Vasja und Nikita zusammen.

18. November 2007 – 58. Tag,

82.21 N – 98.37 E

Mit Vasja messe ich Ozon. Am Nachmittag kommen die Aeros zum Kaffee vorbei. Es gibt Kekse, Schokolade und Kaffee Marke Alysund. Danach muss ich meine Sonden vorbereiten. Nach dem Dinner vollende ich den Bettenbau. Fast zehn Sunden Arbeit hat mich alleine diese Aufgabe gekostet.

19. November 2007 – 59. Tag,

82.26 N – 99.57 E

Über die Station tobt ein Sturm hinweg und so kann ich ordentlich ausschlafen. Am Nachmittag baue ich mit Vasja-Aero weiter am Haus. Die Kanten sind jetzt abgedichtet. Nun müssen nur noch die Paneelfugen an den Wänden und an der Decke geschlossen werden.

Am Abend ist die Geburtstagsfeier von Shenja-Hydro. Es gibt Schweinemedaillons auf Röstis mit Pilzen und Kartoffelsalat, dazu eine Flasche Vodka pro Tisch.

20. November 2007 – 60. Tag,

82.32 N – 100.71 E

Es stürmt den ganzen Tag und gegen Nachmittag nimmt der Wind sogar noch weiter zu. Durch beißende Kälte wach geworden, versuche ich, den Ofen in meinem Labor wieder in Gang zu bekommen. Dieses Mal war der Tank leer … Die tägliche Kontrolle der Tankfüllungen ist eine der vielen Pflichtaufgaben, die man auf keinen Fall vernachlässigen sollte. Versäumnisse bestrafen sich von alleine – bei mir heute mit einem kalten Haus. Und es dauert Ewigkeiten, bis das gute Stück wieder funktioniert. Ich nehme mir vor, derartig Ausfälle in Zukunft zu vermeiden. Zwischen den zahlreichen Versuchen, meinem

Ofen in Gang zu bringen, erwarte ich um zwölf Uhr einen Anruf von einem Journalisten. Eine gute Gelegenheit, gleich noch den wöchentlich fälligen Telefonbericht für «Leonardo» von WDR 5 abzusetzen. Den Rest des Tages bin ich mit diversem Kleinkram beschäftigt. Ich habe die Messdaten der letzten zwei Tage nachzurechnen und die Post zu erledigen. Vasja schneidet mir die Haare. Bei dem hiesigen Waschrhythmus ist ein kurzer Haarschnitt praktischer.

Heute muss ich mir die Ausrüstungsteile zusammensuchen, die ich für ein großes Ölbad brauche. Weil unsere Sonden nur noch selten über zwanzig Kilometer aufsteigen, müssen die Ballons vor dem Start kurz in einem Ölbad präpariert werden. Ein kleiner Trick, den wir schon seit Jahren erfolgreich auf unseren Polarstationen anwenden.

22. November 2007 – 62. Tag,

82.43 N – 101.59 E

Gestern waren Nikita und ich bis zum frühen Nachmittag mit der Ozonsondierung beschäftigt. Das Wetter war noch passabel, für den nächsten Tag war jedoch schon wieder Sturm angekündigt und so habe ich gleich noch einen Aufstieg des Fesselballons nachgeschoben. «Miss Piggy» schwebte fast bis 21.00 Uhr über der Station. Dann nahm der Wind plötzlich zu und wir haben uns hart ins Zeug legen müssen, um das Gespann wieder einholen zu können. Bei höheren Windstärken verweigert die Winde regelmäßig ihren Dienst – aus Sicherheitsgründen, wie es vom Hersteller heißt. Es soll verhindert werden, dass das Seil reißt oder gar die ganze Winsch beschädigt wird. Das Rigg hängt an einer Leine, die etwa einen Millimeter dick ist und bis zu 150 Kilopond Zugkraft aushalten muss. Wenn die Winde ausfällt, kommen wir selbst mit zwei Personen bei der Arbeit ganz schön ins Schwitzen.

Wie vorausgesagt, bringt der neue Tag den erwarteten Sturm. Nicht immer fallen die uns übermittelten Vorhersagen so präzise aus wie heute. Während draußen der Sturm heult, versuche ich mein Wohnhaus weiter abzudichten. Doch selbst bis zum Ende der Expedition wird mir das nicht ganz gelingen. Immer wieder zeigen sich Risse und Fugen, durch die kalte Luft und Schnee in mein Balog eindringen. Wenn in der Nacht der Ofen für längere Zeit ausgesetzt hat, finden sich am nächsten Morgen kleine Schneewehen in der Hütte und schnell sind die Instrumente von einer dünnen Reifschicht bedeckt. Jeder größere Sturm führt zu Problemen mit unserem Zelt-Hangar. Ich hatte eine große Windschutzplane zur Entlastung an der Frontseite des Zeltes angebracht, aber diese Konstruktion erfüllte ihren Zweck nicht. Unter dem Druck des Windes belastete sie das Zelt zusätzlich.

Diese Nacht spitzte sich die Situation um den Hangar dramatisch zu. Die Führungsschienen der Schutzplane hatten sich zum Teil aus ihren Halterungen gelöst, worauf die Arretierungshaken den hohen Belastungen nicht mehr standhielten. Eine der Führungsschienen riss ab und schlug direkt neben einem Stützpfeiler ein faustgroßes Loch in die Zeltwand. Ich erstarre fast vor Schreck: Damit der Wind das Loch nicht noch weiter aufreißt, muss sofort gehandelt werden. Wäre der mit Druckluft gefüllte Stützpfeiler beschädigt worden, hätte das Unternehmen Hangar heute sicherlich sein jähes Ende gefunden. Ich schaffe es gerade noch, das entstandene Loch provisorisch mit zwei Holzplatten zu verschließen, die ich von beiden Seiten zusammenschraube. Vorsorglich polstere ich die Platte im Inneren des Zeltes ab, damit sie auf keinen Fall ein Loch in den Stützpfeiler scheuert. Auch der rote Fesselballon hat sich in seiner Halterung selbständig gemacht. Die Belastung auf die Befestigungsöse an seiner Nase ist bei dem Wind einfach zu groß. Der Hangar ist etwas zu klein geraten, so dass der

Ballon nicht wirklich frei hängen kann. Ich versuche, ihn provisorisch zu sichern und ein wenig Spannung aus den Befestigungsleinen zu nehmen. Nimmt der Sturm weiter zu, werden regelmäßige Kontrollgänge unumgänglich sein.

23. November 2007 – 63. Tag,
82.68 N – 101.14 E

Zum Glück hat sich die Situation im Hangar nicht weiter verschärft, ich kann endlich wieder einmal ausschlafen. Ständig heulen Windböen um das Haus, prasseln Schnee und Eis gegen seine Wände. Die Auswirkungen des Sturms auf die Temperatur sind hier ein wenig anders, als ich es von Ny-Alesund her kenne. Auf Spitzbergen wird es bei Sturm immer deutlich wärmer, nicht selten sogar bis über den Gefrierpunkt. Hier haben wir jetzt -27 Grad bei einer Windgeschwindigkeit von 15 m/s. Eine Nase, die unvorsichtig und unverhüllt aus der Hütte gesteckt wird, ist sofort schockgefrostet. Kälte, Wind und Schnee zwiebeln auf jedem Stück Haut, das nicht dick von Kleidungsstücken bedeckt ist. Kaum jemand von der Besatzung ist ohne kleinere Erfrierungen weggekommen. Auch ich habe mir gestern eine Schicht Haut auf meiner Nasenspitze und den Wangen abgefroren.

Die Zeit bis zum Lunch nutze ich für die leidige Bürokratie. Am Nachmittag bringe ich endlich die restlichen Abdeckungen der Fugen in meinem Haus an. Jetzt stehen nur noch die Deckenpaneele auf dem Programm. Da ich kein ordentliches Material mehr zum Abdichten habe, klemme ich Seile in die Ritzen und verschraube dieses dann mit einer Abdeckleiste. Nach dem Dinner bastele ich mir eine Ablagefläche für das Bett und ein Abdichtung für meine Tür zusammen. Als ich auf die Uhr schaue, ist die 23 schon wieder durch.

24. November 2007 – 64. Tag,

82.84 N – 100.48 E

Nachmittags haben wir eine Teerunde mit den Aeros angesetzt. Die kleinen Runden mit den Kollegen sind für das Betriebsklima unersetzlich. Es gab ein paar Probleme mit den Bodendaten für die Radiosondierung zu klären. Die Teerunde hat mich ein wenig von meinen Arbeiten abgehalten. So ist der Bau meines Tisches ins Wasser gefallen. Am Abend lässt der Wind nach und prompt versagt mein Ofen. Immer wieder hält mich die Reparatur dieser verdammten Öfen von meiner eigentlichen Arbeit ab.

25. November 2007 – 65. Tag,

82.97 N – 99.78 E

Ich konnte etwas länger schlafen. Es ist Sonntag und ohnehin ein wenig zu windig, um «Miss Piggy» aus dem Hangar zu lassen. Nikita schläft sich nach seinem gestrigen Stationsdienst aus und Vasja muss die Stellung in der Kajut Kompanja halten. So bringe ich meinen Ofen wieder in Gang und befreie die Hütte von Schaumresten, die bei den Dichtungsarbeiten angefallen sind. Am Nachmittag hobele ich mir die Balken für einen Tisch zurecht. Später versuche ich zusammen mit Vasja, das Loch in der Zeltwand des Hangars zu reparieren. Aber das Wetter ist noch zu rau, um ordentlich arbeiten zu können. Ich beobachte die Radiosondierung: In dreißig Meter Höhe beträgt die Windgeschwindigkeit bereits 15 m/s. Unmöglich, einen Fesselballon hochzubringen! Für Morgen ist bereits besseres Wetter vorausgesagt worden. Ich habe heute auch ohne Aufstiege ausreichend zu tun: neue Ballons aus den Containern holen, Kisten aus dem Schnee graben, Wasser aufbereiten, Brennstoff für den Ofen holen u.s.w.

Die Breitengrade fallen

26. November 2007 – 66. Tag,

82.996 N – 99.16 E

Fast hätten wir es geschafft mit dem 83. Breitengrad! Der südliche Teil unserer Scholle war nur noch 500 Meter von der magischen Linie entfernt, doch dann hat sie wie von Geisterhand getrieben wieder kehrtgemacht. Der nördliche Teil der Station einschließlich meines Hauses hatte die Marke sogar schon überschritten. Jedenfalls, wenn ich meinen Messergebnissen Glauben schenken darf. Mehrmals täglich kontrolliere ich unsere Position, zum einen für unseren Kursplot, zum anderen benötige ich die korrekte Positionsangabe für meine eigenen Messungen. Die Überquerung eines Breitengrades zählt für NP-Stationen allerdings erst, wenn auch das letzte Haus der Station die Marke passiert hat.

Klaus hat mich aufgefordert, ihn unbedingt anzurufen. Es gibt schlechte Nachrichten: Die Russen wollen den Datenaustausch verhindern. Ich bin entsetzt. Sollte das wahr sein, erlebt unsere Kooperation einen herben Rückschlag. Man verspricht uns die Daten für Mai nächsten Jahres. Nur: Wie soll das funktionieren? Wegen der begrenzten Übertragungskapazitäten werden die Daten zu diesem Zeitpunkt noch nicht von der Station abrufbar sein. Und ich habe erhebliche Zweifel, ob wir jemals irgendetwas sehen werden. Doch ganz egal, wenn die Russen auf ihrem Standpunkt beharren, behindert das meine Arbeit vor Ort extrem. Einige unserer Projekte wären völlig in Frage gestellt. Ohne aktuelle Daten zu den Wind- und Temperaturverhältnissen, die uns von den Radiosonden geliefert werden, können wir unseren Fesselballon nicht aufsteigen lassen. Ich bin völlig frustriert. Wie wird sich die

Stationsleitung verhalten? Offiziell unterstehe ich – wozu es auch keine sinnvolle Alternative gibt – dem Kommando des russischen Stationsleiters, auch wenn wir bislang alle Probleme kooperativ und auf gleicher Augenhöhe geklärt haben. Die deutsche Seite könnte mir nur empfehlen, die mit unserer Technik gewonnenen Daten erst wieder an die Partner weiterzugeben, wenn diese die Datensperre aufheben. Aber das wäre ein Rückfall in die albernen Verhaltensmuster des Kalten Krieges. Wie es auch kommen wird, wir entscheiden uns, den Russen auch künftig unsere Daten komplett zur Verfügung zu stellen. Mit Vasja und Nikita komme ich überein, dass wir an unserer Praxis des Datenaustauschs nichts verändern. Wie kooperativ sich Sergeij-Aero verhalten wird, muss sich noch zeigen. Er neigt eher dazu, Anweisungen buchstabengetreu zu erfüllen. Ich werde meinen Kollegen auch weiterhin alle Daten zur Verfügung stellen. Manchmal habe ich das Gefühl, dass unsere Partner lieber ihr eigenes, ihr russisches IPY durchführen würden. Ein nationales IPY-Logo haben sie ja schon.

Wir beenden die Fesselsondierung gegen 21.30 Uhr. Genau eine Viertelstunde zu spät, denn plötzlich kommt starker Wind auf. Wir haben ernsthafte Probleme, den Ballon einzuholen und ins Zelt zu schaffen. Nikita und ich kommen mal wieder ganz schön ins Schwitzen. Und dies trotz der enormen Kälte von -30 Grad.

November 2007 – 67. Tag,
82.90 N – 98.61 E

Ozontag. Gegen 10:30 Uhr schmeißt mich Vasja aus dem Bett. Da hilft es gar nichts, dass ich bereits in aller Frühe auf dem Posten gewesen war und unsere Position durchgegeben hatte. Die Ozonmessung verläuft reibungslos. Vasja hat die Arbeit inzwischen gut unter Kontrolle. Die ersten Handgriffe zur Vorbereitung der nächsten Sonde lasse ich ihn alleine machen, denn ich will derweil weiter an meinem Tisch bauen. Das Ergebnis kann sich sehen lassen – am Abend steht ein solider Tisch in meinem Haus. Fast alle meine Möbelstücke habe ich mit dem Haus fest verschraubt. Ich möchte das Balog nicht wieder abbauen müssen. Ich klare noch einmal die Hütte auf und könnte eigentlich schon in meinem neuen Haus schlafen. Am Donnerstag wird es eine zünftige House-Warming-Party (russ.: Novoselje) geben. Erst danach werde ich endgültig umziehen.

Hinsichtlich der Informationssperre herrscht Funkstille. Ich vermute, dass meine Kollegen im Moment kein Geld zum Telefonieren haben. Ihre Prepaid-Konten sind sehr oft leer und bis sie von St. Petersburg aus wieder aufgeladen worden sind, kann es schon mal ein paar Tage dauern. Im Moment können die AARI-Leute nur noch die wichtigsten Daten übertragen. Ich habe dennoch die Hoffnung, dass unsere Expeditionsleitung die Forschungskooperation wieder auf die richtige Schiene bekommt.

Heute war wieder einmal kleiner Waschtag angesagt. So eine Tiefkühl-Freiluft-Katzenwäsche mit etwas heißem Wasser stößt bei –30 Grad an ihre natürlichen Grenzen. Eine richtig große Wäsche geht nur in der Banja, etwa alle zehn Tage. Das ist selbst für einen hartgesottenen Naturmenschen eine zu lange Zeitspanne.

28. November 2007 – 68. Tag,

82.95 N – 98.49 E

Der Tag beginnt nicht gerade verheißungsvoll. In aller Frühe stürzt Nikita zu mir rein, er benötigt dringend eine Batterie für seine Lampe. Noch bevor er wieder hinausläuft, ruft er mir etwas von Problemen mit dem Wettermast zu, ich solle es mir sofort ansehen. Verwirrt schaue ich zum Fenster hinaus, den langen Mast, der gestern noch dort stand, kann ich nicht entdecken. Ich ziehe mich schleunigst warm an und laufe Nikita hinterher. Der Mast ist komplett umgefallen und teilweise im Wasser verschwunden. Die Szenerie mutet gespenstisch an. Ein großer Riss zieht sich quer durch das Eis, keine fünfzig Meter von meinem Wohnhaus und dem Ballonzelt entfernt. Er verläuft genau zwischen dem Mastfuß und den Abspannungsankern. Nachdem sich der Spalt auf etwa zehn Meter verbreitert hatte, ist der Mast umgestürzt und in das eiskalte Wasser gefallen. Als ich das ganze Ausmaß der Havarie erfasse, wird mir richtig mulmig im Magen. Es ist der erste größere Eisbruch, den ich unmittelbar erlebe. Ebenso wie mir ergeht es meinen Kollegen von der Met-Station. Aber irgendwie scheint sich außer uns niemand so richtig um das Problem kümmern zu wollen. Der Stationsleiter schlendert herbei und säuselt etwas wie: «C'est la vie!» Er macht mit mir einen kleinen Rundgang entlang der Spaltkante und das war es dann auch schon. Etwas später werden ein paar Bretter über eine schmale Stelle im Spalt gelegt und die Jungs können wenigstens ihre Instrumente in Sicherheit bringen. Einiges davon scheint noch funktionsfähig zu sein.

Mit dem Innenausbau meines Hauses komme ich nur mühsam voran. Ich habe im Materiallager nicht richtig aufgepasst und für das Waschbecken zwei rechte Halterungen erwischt. Morgen werde ich den Mechanikern die richtigen Teile aus dem Kreuz leiern müssen.

Später in der Nacht koche ich mir meinen ersten Topf Spaghetti, gewürzt mit Knoblauch, Chili und italienischen Kräutern. Unglaublich! War dieses Essen ein Genuss! Ein Glas Rotwein dazu und ich entschließe mich nun doch, erstmalig in meinem neuen Haus zu übernachten.

29. November 2007 – 69. Tag,

83.01 N – 98.48 E

Wir haben den 83. Breitengrad überquert. Tatsächlich steht zum Mittagessen wieder eine Flasche Vodka auf dem Tisch – die kleinen Freuden des Stationslebens … Noch immer sind die Meteorologen dabei, ihre demolierten Instrumente zu warten. Die Wetterstation ist am wichtigsten und solange nicht automatisch gemessen werden kann, müssen Luftdruck und Temperatur jede Stunde von den Meteorologen abgelesen werden.

Auch an den Fesselballonsonden ist immer noch einiges zu reparieren. Vasja-Aero hilft mir, das Waschbecken und den Wassertank anzubauen. Meinen Spiegel hatte ich schon am Vormittag angebracht. Und bekam prompt einen kleinen Schreck, als ich mich erstmals wieder betrachten konnte.

Wir haben um die -30 Grad, da funktionieren die Öfen nicht mehr richtig. Alle paar Stunden muss ich an ihnen herumschrauben. Mal ist es in den Behausungen zu heiß und kurz darauf schon wieder bitter kalt. Das ist selbst für einen Polarfuchs alles andere als angenehm.

02. Dezember 2007 – 72. Tag,

82.96 N – 97.65 E

Mit einiger Mühe versuche ich mich an den Ablauf der letzten Tage zu erinnern. Am 30. November war wieder regulärer Ozonmesstag. Am Nachmittag habe ich mit Vasja-Aero zwei große Bohlen in das Zelt geschraubt. Jeweils im Toreingang über die ganze Zeltbreite verlegt, sollen sie den Wind von der Bodenplane fernhalten. Eine geniale Idee – endlich haben wir die richtige Antwort auf unser Windproblem mit dem Hangar gefunden.

Wie immer ist am letzten Tag des Monats Banja angesagt. Die Jungs von der Masterkaja haben den Bau inzwischen weitgehend dicht bekommen, der Badetrakt ist angenehm warm und auch die Sauna hat es heute erstmalig auf zünftige Temperaturen gebracht.

Den Samstag verbringe ich damit, letzte Arbeiten am Haus zu beenden und die für heute angesetzte Einweihungsparty vorzubereiten. Ein paar Sitzkisten habe ich schon gestern herbeigeschafft. Ansonsten hält sich der Aufwand für die Vorbereitung in Grenzen. Für die leiblichen Genüsse habe ich besser vorgesorgt. Oliven und getrocknete Tomaten liegen seit ein paar Tagen in Öl und Kräutern. Salami soll es geben, Schinken, Käse und später auch noch die berühmten Würstchen aus Halberstadt. Auf der Getränkekarte stehen Rotkäppchen Sekt, Vodka, Whiskey und Bier aus 5-Liter-Dosen. Unsere Stationsleitung bringt zur Feier des Tages auch noch etwas Trinkbares mit. Außer den Aeros und Mets kommen noch die Stationschefs Alexeij, Koch Shenja und Sergeij sowie Andreij und die vier Mechaniker. Es wurde eine richtig gute Party nach russischer Art, von der ich mich allerdings den ganzen nächsten Tag erholen musste.

04. Dezember 2007 – 74. Tag,

82.89 N – 98.68 E

Bereits vor dem offiziellen Frühstück überprüfe ich die Ergebnisse der nächtlichen Sondierung. Obwohl die Windverhältnisse nicht gerade optimal sind, wollen wir eine Fesselsondierung versuchen. Ich stelle die Winsch vor den Hangar und werfe die eingebaute Heizung an. Gemeinsam mit Vasja habe ich das Gespann gegen zwölf Uhr in der Luft. Es dauert nicht lange und die erste Sonde fällt aus, kurze Zeit später die nächste. Wir holen das Gespann teilweise nieder und versuchen, die Sonden wieder in Gang zu bekommen. Kaum zwei Stunden später sind die nächsten zwei Sonden offline, zu allem Überdruss die beiden obersten. Das ganze Gespann muss erneut eingeholt werden, um die Sonden initialisieren zu können. Ein riesiger Aufwand, nur um kurz einen Schalter umzulegen. Und wieder geht es hinauf. Kurz vor dem Abendessen fällt erneut eine der Sonden aus. Inzwischen ist die Apparatur völlig vereist und kann ihre Höhe nicht mehr halten. Nach dem Abendessen entscheiden wir uns, das Experiment zu beenden. Als ich die Zeltluken dichtmachen will, fällt mir auf, dass die Reißverschlüsse des Eingangs in den letzten Tagen arg gelitten haben. Ich muss meine russischen Kollegen unbedingt ins Gebet nehmen, in Zukunft etwas vorsichtiger mit dem Material umzugehen. Sonst ist das Zelt in spätestens einem Monat nicht mehr zu gebrauchen.

Mein Ofen im Wohnhaus hat wieder einmal seinen Geist aufgegeben, beinahe wäre es zu einem Brand gekommen. Zwischen den Messaufstiegen versuche ich, das Teil einigermaßen in Ordnung zu bringen. Der Ofen stinkt immer noch nach Ruß und Abgasen. Irgendwann wird mich das verdammte Miststück noch vergiften.

05. Dezember 2007 – 75. Tag,

82.93 N – 98.53 E

Was den Wind betrifft, begann der Tag ruhig. Nach einem Blick auf die nächtlichen Messdaten wurde schnell klar: «Miss Piggy» darf in ein paar Stunden an die frische Luft. Nikita und ich versuchen mit mäßigem Erfolg, den windschiefen Hangar zu richten. Ich baue den Windschutz weiter aus. Zumindest lassen sich jetzt die Reißverschlüsse des Zeltes wieder ohne Widerstand schließen. Gegen 13.00 Uhr konnten wir den Ballon auflassen. Der Aufstieg klappte zunächst reibungslos. Wie schon so oft, steigt nach kurzer Zeit eine Sonde nach der anderen aus. Fazit des Tages: eine Sonde, die komplett ausgetauscht werden muss, ein Sensorarm defekt und das windschiefe Zelt ist auch noch nicht ausgerichtet worden. Die ersten beiden Dinge sind schnell erledigt, die Arbeiten am Zelt müssen dagegen warten, bis sich das Wetter verbessert hat und ein paar Leute mit zupacken können.

Nach dem Abendessen bereite ich die Daten auf und versuche, diese nach Potsdam schicken. Ausgerechnet heute bekomme ich jede Menge Probleme mit der Übertragung. Keine Ahnung, warum! Spät am Abend bereite ich noch zwanzig Nikolausbeutel vor, eine kleine Überraschung für meine Kollegen auf der Station.

07. Dezember 2007 – 77. Tag,
83.02 N – 98.78 E

Als Stationsdienst konnte ich in aller Frühe heimlich die kleinen Nikolausbeutel auf den Tischen der Kajut Kampanja verteilen. Und meine Kollegen freuten sich sichtlich ob der Überraschung. Vasja und Nikita haben selbstständig die Ozonsondierung durchziehen müssen, zu zweit bekommen sie das schon ganz gut hin. Dann gab es noch ein Interview mit dem RBB. Die Redaktion wollte unbedingt ein paar Sätze von mir für ihre Ozon-Reihe aufzeichnen. Das Wetter hat all unsere Pläne zunichte gemacht. Zeit für einen Film oder auch mal zwei …

10. Dezember 2007 – 80. Tag,
83.24 N – 97.70 E

Andere berühmte Leute sollen in achtzig Tagen um die Welt gekommen sein, ich auf meiner Scholle dagegen nur einige hundert Kilometer Luftlinie. Für die Freunde der Geografie: Meine Scholle driftet derzeit straff in Richtung des sogenannten Gakkel-Rückens, eines langgestreckten unterseeischen Gebirges.

Das Wetter ist wieder einmal besonders günstig. Wir nutzen die Möglichkeit für einen Aufstieg von «Miss Piggy». Problemlos haben wir sechs Sonden sechs Stunden lang in der Luft gehalten. Das ist unsere Bestleistung. Dann beenden wir die Messung, denn es ist Banja-Tag. In den letzten Tagen ist es erstaunlich ruhig gewesen, frostiges Wetter, immer klarer Himmel und nur wenig Wind, ideal für unsere Fesselspielchen.

11. Dezember 2007 – 81. Tag,
83.26 N – 97.21 E

Die Reihe der schönen Tage scheint sich fortzusetzen. Allerdings habe ich verschlafen, erst kurz nach elf Uhr werde ich wach. Es hilft alles nichts, der Fesselballon muss raus. Nach dem Essen soll der Aufstieg beginnen. Doch es treten Probleme auf. Zunächst stören wir die Aeros mit unseren Sonden. Wir müssen den Aufstieg abbrechen, bis die russische Sondierung beendet ist, dann geht es weiter. Doch jetzt verweigert eine unserer Sonden den Dienst. Ich tausche die defekte Sonde aus, aber auch der bereitliegende Ersatz stellt sich stur. Merkwürdig: Gestern hat alles reibungslos geklappt, heute will überhaupt nichts funktionieren.

12. Dezember 2007 – 82. Tag,
83.26 N – 97.23 E

Wieder ein Ozonaufstieg, Nikita ist mir zur Hand gegangen. Er erfüllt seine Aufgaben immer besser. Ganz nebenbei habe ich erfahren, dass es wegen der defekten Öfen in den Balogs schon zu mehreren leichten Vergiftungen mit Kohlenmonoxid gekommen ist. Die Sache stimmt mich bedenklich. Eisbären und Eisrisse sind – wenn auch oft nur im letzten Moment – erkennbar, das tückische Gas dagegen nicht. Ich lebe in der Hoffnung, meine Öfen im Griff zu behalten und nicht irgendwann im Schlafe in aller Stille dahingerafft zu werden. Am Abend überprüfe ich noch einmal die Fesselsonden. Und ohne erkennbaren Grund hat heute wieder alles wie am Schnürchen funktioniert. Meine Hoffnung steigt, dass wir die Aufstiege endlich störungsfrei in den Griff bekommen.

13. Dezember 2007 – 83. Tag,

83.30 N – 97.42 E

Es ist wieder ein wenig windiger geworden, weshalb wir die Fesselsondierungen abschreiben können. Außer Routinearbeiten bleibt nicht viel zu tun und so bereite ich schon mal einen Teil der Wochenberichte vor. Unsere Meteorologen waren heute von einer Pechsträhne verfolgt. Aus nicht erkennbaren Gründen stieg ihnen ein großer Teil ihrer Sensoren aus. Bis zum Abend waren sie nicht in der Lage, die Fehlerquelle zu finden. Doch damit nicht genug: Heute war das Essen in der Kajut Kampanja kaum zu genießen. Die Qualität der Kartoffeln und des Gemüses lässt arg zu wünschen übrig. Ein Topf voll mit Spaghetti sorgte bei mir für den kulinarischen Ausgleich.

14. Dezember 2007 – 84. Tag,

83.36 N – 97.56 E

Vor zwölf Wochen sind wir auf unserer Scholle angekommen. Und die letzten drei Monate sind im Nu an uns vorbeigegangen. Ich glaube, es ist die arbeitsreichste Zeit meines Lebens gewesen. Und schon wieder hat sich der Ofen in meinem Labor verabschiedet. Tagelang hatte er mir Probleme bereitet. Unter den Bedingungen arktischer Temperaturen hat die Reparatur einer defekten Heizung absolute Priorität. In wenigen Stunden würde die gesamte Inneneinrichtung eines Balogs einfrieren. Zunächst muss ich den Ofen zerlegen, dann die Treibstoffleitungen gründlich reinigen. Igor von der Met-Station stellt mir das notwendige Werkzeug zur Verfügung. Und er gibt mir auch einen wertvollen Tipp, wie ich den Ofen wieder in Gang bringen kann. Ohne seine Hilfe hätte ich zumindest eine der Ursachen für den Ausfall nicht erkannt.

Die ganze Bude ist voll von kleinen schmierigen Rußpartikeln, eine gewaltige Schweinerei. Mir bleibt nichts anderes übrig, als mühsam einen Eimer warmes Wasser zu «machen» und das Balog samt seiner Einrichtung gründlich zu säubern. Fällig war der Hausputz sowieso. Bei dieser Gelegenheit entdecke ich auch gleich wieder ein paar Ritzen im Haus. Um die kann ich mich im Anschluss an die Säuberungsaktion kümmern. Nach einfacher russischer Art werden die Ritzen mit einem Klebeband abgedeckt. Selbst direkt unter meinem Bett habe ich eine undichte Stelle gefunden. Doch meine Türen bleiben ein echtes Problem. Sie sind derartig verzogen, dass ich sie wohl nie mehr dicht bekommen werde. Trotzdem werde morgen ich noch einmal versuchen, irgendwo auf der Station ein paar Filzstreifen auszugraben.

15. Dezember 2007 – 85. Tag,

83.44 N – 97.84 E

Im Laufe der Nacht ist der Ofen im Labor wieder abgekackt, -5 Grad im Balog sind alles andere als optimal für die technische Ausstattung. Ich bekomme das Teil jedoch schneller in Gang als gestern und schon bald verbreitet sich wieder wohlige Wärme in der Hütte. Die Instrumente sind gerettet. Vasja, der mit mir die Ozonsonde vorbereiten wollte, musste ich um eine Stunde vertrösten: Die eingefrorenen Chemikalien für den Ozonsensor mussten erst wieder auftauen.

16. Dezember 2007 – 86. Tag,

83.58 N – 99.13 E

Die ganze Nacht über hat ein kräftiger Sturm an mein Haus gehämmert. In den frühen Morgenstunden ist der Krach so schlimm geworden, dass ans Schlafen nicht mehr zu denken war, stundenlang. Erst kurz bevor der Wecker klingelte, fielen mir die Augen zu. Zum Glück haben meine Öfen diese Nacht durchgehalten! Bei einem derartigen Wind sind mir – was Aktivitäten im Freien betrifft – die Hände gebunden. Ich freue mich, dass der Wind die Scholle mit großer Geschwindigkeit in nordöstliche Richtung treibt. Am Abend schien der Sturm etwas abzuflauen, aber jetzt, kurz vor Mitternacht, ist er wieder spürbar aufgefrischt. Ich überlege, die heutige Nacht im Labor-Balog zu verbringen. Da ist das Getöse wenigstens nicht ganz so nervend wie in meinem Wohnhaus.

Ach ja, wir haben Advent. Am späten Nachmittag gab es deshalb bei mir einen «starken» Adventskaffee, zusammen mit den Mets und den Aeros, zur Feier des Tages mit einem Schuss Whiskey in die Tassen. Einen derartigen Luxus kann ich mir aber nur in der Vorweihnachtszeit leisten. Auch meine Vorräte sind begrenzt und müssen bis April durchhalten.

Vasja-Met hat in ein paar Minuten Geburtstag. Liebevoll habe ich einen kleinen Müllsack mit Geschenken vorbereitet und werde pünktlich an seiner Labor-Hütte anklopfen. Die richtige Party findet aber erst morgen Abend statt.

17. Dezember 2007 – 87. Tag,

83.73 N – 100.16 E

Wir setzen uns noch eine Stunde zusammen und lassen mit Nikita und Igor eine Flasche Vodka kreisen. Am Vormittag bereite ich mit Nikita die Ozonsondierung vor. Die diesjährige MATCH-Kampagne hat begonnen. Da müssen auf Anforderung Potsdams zusätzliche Sonden gestartet werden. Heute gab es den ersten MATCH-Alarm. Am Nachmittag bereite ich eine neue Sonde auf ihren Einsatz vor und nach dem Dinner steigt der zweite Teil von Vasjas Geburtstagsparty. Um meine Aufgaben als Einzelkämpfer im deutschen Forschungsprogramm erfüllen zu können, muss ich – oft an der Grenze meiner Kraft – mit den Kompromissen zwischen den kulturellen Gepflogenheiten und der Pflichterfüllung leben lernen. Um Mitternacht liege ich im Bett.

18. Dezember 2007 – 88. Tag,

83.82 N – 100.73 E

Die Nacht habe ich ziemlich schlecht geschlafen. Zu allem Überdruss ist der Ofen im Labor ausgegangen, das Haus war bereits auf -10 Grad abgekühlt. Warum immer nachts? Gestern Abend war es sehr klar und ich hatte bereits so eine Ahnung, dass die Öfen nicht durchhalten würden. Bei -33 Grad Celsius bilden sich Eiskristalle im Diesel, die im Nu die Filter im Tank verstopfen. Zwei Stunden habe ich gebraucht, dann herrschten wieder normale Temperaturen im Haus.

Der Wind flaut weiter ab und so lasse ich am Nachmittag «Miss Piggy» aus ihrem Stall. Nikita hilft mir dabei. Vasja habe ich fast den ganzen Tag lang nicht zu Gesicht bekommen. Er tauchte erst zu nächtlicher Stunde auf, als wir gerade unsere Messdaten austauschen wollten.

19. Dezember 2007 – 89. Tag,

83.87 N – 100.73 E

Schon wieder beginnt der Morgen mit einer bösen Überraschung. In aller Herrgottsfrühe ist starker Wind aufgekommen. Ich musste mit Nikita den Fesselballon in den Hangar retten. Nach der Aktion wollte ich mich noch einmal aufs Ohr hauen. Doch kaum war ich eingeschlafen, gaben die beiden Öfen wieder ihren Geist auf. Die Heizung im Labor bekam ich recht einfach wieder an. Doch im Wohnhaus blieb mir nichts anderes übrig, als die ganze verdreckte Konstruktion auseinanderzunehmen und den Brenner gründlich zu reinigen. Dann funktionierte auch dieser Ofen wieder.

Den größten Teil des Abends bin ich damit beschäftigt, meine Weihnachts-E-Mails vorzubereiten. Anschließend muss ich die Daten aufbereiten. Potsdam hat beschlossen, dass unser Kollege Alexander in Petersburg alle Daten unbürokratisch zugeschickt bekommt. Daten, die ich von der aerologischen Station beziehe, verbleiben zunächst nur bei mir und Nikita. Das ist auch so eine Geschichte. Unser Nikita möchte die Radiosondendaten gerne für seine eigene wissenschaftliche Arbeit auswerten. Er ist besonders an den Temperaturinversionen interessiert, hat er doch seine Diplomarbeit zu diesem Thema geschrieben. Doch selbst er bekommt die gewünschten Daten nur inoffiziell. Zwei Abteilungen in einem Institut …

22. Dezember 2007 – 92. Tag,

84.00 N – 98.80 E

Die Ozonsondierungen finden jetzt regelmäßig statt, für den Fesselballon war das Wetter nicht gut genug. Inzwischen setzt mir die Polarnacht zu, mein Bedürfnis nach Schlaf erhöht sich deutlich. Eine nicht unerhebliche Anzahl von Weihnachts-E-Mails verlässt per Satellitentelefon die Station in Richtung

Heimat. Und endlich haben die Öfen ein paar Tage lang leidlich funktioniert. Dafür hat ein kräftiger Sturm unsere Station mit meterdicken Schneewehen überzogen. Alles, was vor dem Sturm draußen liegengeblieben war, muss jetzt mühsam mit der Schippe in der Hand ausgegraben werden. Das gilt selbst für die Container. Ich habe mir heute in meinem Wohnhaus ein zusätzliches Regal für meine Klamotten gebaut und Teile für einen kleinen Schreibtisch zurecht gesägt. Endlich wurde der 84. Breitengrad überquert und wir durften auf das Ereignis anstoßen.

23. Dezember 2007 – 93. Tag,

84.03 N – 98.34 E

Vasja reißt mich in aller Frühe aus dem Schlaf, der Ofen in meinem Labor ist wieder aus. Verdammt! Zwar bekomme ich ihn schnell wieder an, doch nun hat sich die Vorbereitung der Ozonsonden um knapp zwei Stunden verschoben. Das Grundschichtprofil sieht sehr sauber aus. So beschließe ich, auch noch «Miss Piggy» zu starten. Die Ozonsonde gibt unerwartet bei 22 km Höhe ihren Geist auf. Deshalb können wir gleich nach dem Essen mit den Startvorbereitungen für den Fesselballon beginnen. Es ist ruhig und wir haben mit dem Rigg absolut kein Problem. Während wir noch gemütlich beim Kaffee zusammensitzen, geht der Ofen in meinem Büro wieder aus. Nach dem Abendessen nehme ich ihn gemeinsam mit Vasja komplett auseinander. Dieses Mal haben kleine Gummipartikel von einer Dichtung eine Brennstoffdüse verstopft. Im Wohnhaus wasche ich den ganzen Tank aus. Das scheint zu helfen. In der Nacht brauche ich den Ofen nur noch zwei Mal nachzuregeln. Nur unangenehm, dass das Wohnhaus ziemlich übel nach Ruß und Diesel stinkt.

24. Dezember 2007 – 94. Tag,
84.07 N – 98.66 E
Heiligabend
In aller Frühe werde ich durch ein merkwürdiges Geräusch aufgeweckt. Es ist kurz nach acht und im ersten Moment denke ich, die Mets wirtschaften an ihrem Kistenstapel herum. Alles scheint völlig normal. Kaum bin ich im Labor-Balog, kommt Nikita angestürmt. ALL HANDS! Alarm! Das Eis ist gebrochen!!! Ich schmeiße mich in meine Klamotten und stürme hinaus. Unmittelbar neben dem Lebensmittellager ist das Eis gerissen. Noch ist die Spalte nicht sehr breit, aber in wenigen Minuten kann das völlig anders aussehen. Unsere Lebensmittel müssen sofort aus der Gefahrenzone geschafft werden. Die gesamten Vorräte kommen in die Kajut Kompanja, womit wir bis weit nach Mittag beschäftigt sind. Das Bier, das zunächst in großen Stapeln in der Kajut Kompanja stand, wird auf die Mitglieder der Station verteilt. Es hatte Koch Shenja ziemlich gestört. Kurz darauf sehe ich unsere Leute Bierpaletten durch die Gegend schleppen. Jeder erhält vier Paletten und zehn Dosen. Wie lange das Bier jetzt reichen wird?

Ich eile zum Hangar, Ozonalarm für MATCH. Alles geht heute ein wenig hektisch von der Hand, aber es klappt. Am Nachmittag gebe ich ein Interview für Radio 1. Die Messungen vom Vortag sind aufzuarbeiten und zu verschicken. Es ist kurz vor Mitternacht, als ich zur Feier von Heiligabend eine Flasche Rotwein entkorke und mir einen Film anschaue. Auf die eigentlich eingeplanten Würstchen habe ich zu so später Stunde keinen Hunger mehr. Vollmond bei kristallklarer Nacht. Ein wundervoller Anblick. Und auch der Mars ist deutlich zu erkennen.

25. Dezember 2007 – 95. Tag,

84.12 N – 98.52 E

1. Weihnachtsfeiertag

Ausgerechnet heute Stationsdienst. Immerhin, nach dem Lunch kann ich meine Wäsche waschen. Ich entlocke Shenja eine große Flasche Propangas. Wenn der Wind abgeflaut ist, werde ich mir meine Fieldparty (Kochausrüstung für Feldeinsätze) aus dem Schnee buddeln. Im Moment stürmt es allerdings ganz ordentlich. Und während ich mich in der Küche abgerackert habe, hat der Wind die Tür zu meinem Labor aufgerissen. Der Ofen ist natürlich ausgegangen und es liegt jede Menge Schnee im Inneren des Balogs.

27. Dezember 2007 – 97. Tag,

84.57 N – 96.88 E

Nach dem langen Stationsdienst bin ich gegen zehn Uhr morgens schlafen gegangen und erst sechs Stunden später aufgewacht. Der übliche Datenkram war zu erledigen, dann sind noch die netten Weihnachts-E-Mails zu beantworten. Heute früh war im Büro schon wieder der Ofen aus. Nach der Reparatur erledige ich mit Vasja die Ozonsondierung. Zwischendurch steht ein Interview mit dem Bayrischen Rundfunk an, später noch eine Konferenzschaltung beim WDR, zusammen mit der deutschen Neumayer-Station in der Antarktis und unserer Koldewey-Station auf Spitzbergen. Das war etwas völlig Neues für mich. Richtig cool! Bis nach 23.00 Uhr bin ich mit den Wochenberichten beschäftigt.

30. Dezember 2007 – 100. Tag,
84.77 N – 94.08 E

Hundert Tage auf der Scholle!! Schnell will ich mein Tagebuch nachtragen. Vorgestern konnte ich richtig faulenzen, was aber immer noch vier bis sechs Stunden Anstrengung bedeutet, um die Routinearbeiten zu erledigen. Ansonsten schaue ich mir bis in die Puppen Filme an und koche mir dazu einen Topf mit Spaghetti. Mit vollem Bauch kann ich stundenlang nicht einschlafen. So wache ich am nächsten Tag erst nach elf Uhr auf. Da mir aber schon wieder eine Nachtschicht blüht, habe ich kein schlechtes Gewissen. Für morgen früh zwei Uhr ist eine MATCH-Sondierung angesagt. Bis zum Abend schaffe ich es noch, den Schreibtisch in mein Wohnhaus einzubauen. Da ich in einigen Tagen den Suntracker auf das Dach bauen will, brauche ich einen Tisch für den Computer und die Netzteile.

Heute bin ich erst gegen Mittag wach geworden. Kein Wunder, habe ich doch bis nach vier Uhr morgens gearbeitet, um die MATCH-Messung zum Abschluss zu bringen. Wenn mich nicht ständig diese miserablen Öfen auf Trab halten würden. Ich habe nur noch den Wunsch, ein Mal richtig durchschlafen zu können. Aber auch letzte Nacht musste ich mehrfach nachregeln. Die Schneewehe vor meinem Haus erreicht inzwischen anderthalb Meter Höhe. Und ich habe zwei Möglichkeiten, um aus dem Haus zu kommen: Entweder hacke ich alle paar Stunden ein paar Stufen in den Schnee oder ich muss mühsam über die Verwehungen klettern. Es ist der letzte Banja-Tag in diesem Jahr. Nach dem Saunagang darf ich wieder einen Ofen im Wohnhaus reparieren. Danach sehe ich aus wie ein Dreckspatz. Um dem Übel auf den Grund zu gehen, habe ich einen Teil des Schornsteins abgerissen. Der Schlot scheint etwas zu hoch geraten zu sein: Thermodynamik ... Die kalte Luft steht in dem zu langen Rohr und blockiert damit den Abzug. Kurz vor Mitternacht scheint wieder alles zu funktionieren.

Jahreswechsel auf dem Eis

01. Januar 2008 – 102. Tag,

84.73 N – 92.33 E

Neujahr

Mein sehnlichster Wunsch ist in Erfüllung gegangen, ich konnte ohne Unterbrechung bis zum Mittagessen schlafen. Dann habe ich den Außentank des Ofens abgebaut und ihn im Inneren der Hütte installiert. Die Silvesterparty startet erst um 22.00 Uhr. Unsere Jungs haben sich wirklich Mühe gegeben. Ich verstehe zwar nicht viel von den Aufführungen, aber kurzweilig ist es dennoch. Es gibt gut zu essen und natürlich reichlich Vodka. Nach Mitternacht lassen wir ein paar Ballons aufsteigen, an denen kleine Briefe befestigt sind. Hoffen wir, dass sie einen Empfänger finden werden. Gegen vier Uhr finde ich endlich nach Hause. Von den meisten meiner Kollegen sehe ich am nächsten Tag nichts.

02. Januar 2008 – 103. Tag,

84.80 N – 92.56 E

Die ewige Dunkelheit fordert ihren Tribut. Inzwischen steckt mir das Müdigkeitsgefühl tief in den Knochen, ein Problem, das alle Kollegen mit mir teilen.

Die erste Ozonmessung im neuen Jahr. Obwohl die Mets nach ihrer ausgiebigen Party wieder aufgetaucht sind, versuche ich, die Aufgabe alleine zu bewältigen. Ich habe einen Berg Arbeit vor mir und sollte mich aus den ausgiebigen russischen Neujahrsfeiern heraushalten.

Die Scholle ist heute am Ostende des Stationsareals gerissen, zwanzig Meter breit, kaum fünfzehn Meter vom letzten Haus entfernt. Ich frage mich manchmal, was passiert, wenn sich solch ein Riss plötzlich direkt unter meinem Haus auftut. Einer unserer Traktoren stand nur wenige Meter von der Risskante entfernt und wir hatten großes Glück, dass er nicht für immer in den Tiefen des eisigen Nordpolarmeeres versunken ist. Bis ich dazu gekommen bin, den Spalt zu besichtigen, hat er sich bereits wieder zur Hälfte geschlossen und ist von Neueis bedeckt. Man kann hier in Sekundenbruchteilen in einer Spalte verschwinden.

03. Januar 2008 – 104. Tag,

84.90 N – 93.11 E

Wieder eine üble Nacht. Der Sturm tobte heftig und ich konnte kaum ein Auge zutun. Bei bestimmten Windrichtungen hämmert der Sturm wie ein Trommelfeuer gegen mein Haus. Trotzdem musste ich beizeiten in Kälte und Sturm raus. Potsdam hat eine MATCH-Sonde angefordert. Ich mache die Sondierung alleine, denn meine Freunde scheinen noch zu feiern. Gut, dass ich meine Vorräte wenigstens halbwegs sicher im Haus verstaut habe. Ich besorge mir im Lager noch ein paar Kanthölzer und Bohlen und schaffe sie zum Trocknen in mein Haus. Ich will mir eine Notpritsche für das Laborhaus bauen.

06. Januar 2008 – 107. Tag,

84.85 N – 91.87 E

Ich komme morgens immer schwerer aus dem Bett. Die langen Arbeitsnächte zeigen Wirkung. Heute Vormittag bin ich erst gegen elf Uhr aufgewacht. Das Wetter ist noch hoffnungsvoll. Ich positioniere die störanfälligsten Sonden ganz unten im Rigg, prompt fallen beim Aufstieg die drei oberen Sensoren aus. Und das nach kaum einer Stunde. Murphys Gesetz schlägt zu … Wir sind gezwungen, das Rigg komplett niederzuholen. Ich liebe diese Art von Arbeiten, ganz besonders natürlich bei -35 Grad! Beim nächsten Aufstieg fällt ausgerechnet derjenige Sensor aus, der sich im interessantesten Höhenniveau befindet. Verzweiflung und Wut bestimmen in solchen Momenten die Gefühle. Denn es ist alles andere als lustig, bei diesen lausigen Temperaturen stundenlang in Kälte und Dunkelheit zu stehen und mit völlig klammen Fingern die Sonden in den Leinen auszuwechseln.

09. Januar 2008 – 110. Tag,
85.05 N – 93.24 E

Den 85. Breitengrad hatten wir bereits am Dienstag um 18.33 Uhr überquert. Am vergangenen Montag habe ich mich endlich aufgerafft und mein Notbett für das Labor zusammengebaut. Kaum war die Schlafstätte fertig, trat bereits der erste Notfall ein. Der Ofen im Wohnhaus! Unmöglich, das Gerät wieder in Gang zu bringen. Ich schnappe mir meine Bettdecke und trage sie in das gerade errichtete Ausweichquartier.

10. Januar 2008 – 111. Tag,
85.01 N – 93.59 E

Banja-Tag. Der frische Wind hat den Banja-Trakt spürbar abgekühlt, aber wenigstens haben wir ausreichend heißes Wasser. Ich schwätze ein wenig mit Shenja, der mir berichtet, dass es auf der Scholle einen Bereich geben soll, der als Landeplatz für kleine Transportflugzeuge in Frage kommt. Ich denke an Ersatzteile und träume von frischen Kartoffeln, Gemüse und ein wenig Obst. Wenn das klappen würde! Um auf der zerfurchten Scholle ein Rollfeld herzurichten, müssten wir trotz der Traktoren ganz schön in die Hände spucken und da kommt auch schon wieder meine Skepsis durch.

11. Januar 2008 – 112. Tag,

85.16 N – 92.87 E

Ich hatte mir vorgenommen, bei gutem Wetter den Suntracker aus dem Container zu holen, aber ausgerechnet diese Nacht hat es geschneit. Die Türen des Containers waren durch eine meterhohe Schneewehe blockiert. Eine gute Gelegenheit, gleich meine Fieldparty-Kiste zu bergen. Obwohl sie achtzig Zentimeter hoch ist und auf einem etwa einen halben Meter hohen Schlitten steht, war sie im Schnee nicht mehr auszumachen. Zusammen mit der Survival-Kiste soll sie wieder zurück in den Container. Die Notausrüstung in der Survival-Kiste muss im Ernstfall sofort greifbar sein. Nun kann ich das Stativ für den Suntracker auf dem Dach meines Wohnhauses installieren. Das Gerät soll hier seinen Arktis-Kältetest bestehen. Am Morgen wurde ich für ein Life-Interview mit N24 angefordert. Im Nürnberger Zoo war ein Eisbärenbaby geboren worden und man möchte mich als «Fachmann» dazu befragen.

12. Januar 2008 – 113. Tag,

85.19 N – 92.13 E

Für den Nachmittag lade ich die Mets und Aeros zu einem Kaffeekränzchen ein. Nach dem Abendessen bin ich auf die Idee gekommen, mir ein wenig Eiskreme zu machen. So richtig gut hat der Versuch aber nicht geklappt. Seit einigen Tagen plage ich mich mit Rückenschmerzen und Magenproblemen herum. Ich hoffe, dass es nichts Ernsthaftes wird. Die Schmerzen sind trotzdem einfach nur lästig.

15. Januar 2008 – 116. Tag,

85.04 N – 92.08 E

Seit einiger Zeit treibt unsere Scholle wieder südwärts. Doch heute gibt es Entwarnung, der Wind hat auf Süden gedreht. Von Sonntag auf Montag hatte ich Stationsdienst, in der Nacht eine Ozonmessung, am Montag konnte ich ausschlafen. Der heutige Arbeitstag fängt auch spät an. Für den Fesselballon weht der Wind zu kräftig. Als er dann abflaut, kann ich es riskieren, «Miss Piggy» aus dem Stall zu lassen. Gemeinsam mit Vasja mache ich mich an die Arbeit. Durch den stürmischen Wind der letzten Tage ist unser Hangar voller Schnee und selbst «Miss Piggy» ist von einer dicken weißen Schicht bedeckt. Wir müssen also zunächst zu Schaufel und Besen greifen. Gegen 22.30 Uhr holen wir das Rigg nieder. In der Hoffnung, dass der Wind heute Nacht nicht zunimmt, wollen wir den Fesselballon gut vertäut vor dem Hangar schweben lassen.

16. Januar 2008 – 117. Tag,

85.30N – 97.42 E

Morgens gegen neun schmeißt mich Nikita aus dem Bett. Der Fesselballon zeigt eine bedenkliche Schieflage. In der Nacht hatte es zu schneien begonnen. Doch es hatte sich nur ein wenig Schnee auf den Finnen angesammelt und ich kann schon bald den Ballon für ein kleines Experiment aufsteigen lassen. Dann ist wieder eine Ozonsonde dran. Heute kommen wir auf 29 Kilometer Aufstiegshöhe. Seit sich die Stratosphäre spürbar abgekühlt hat (wir haben unter -80 Grad gemessen, normal wären -65), sind derartige Höhen eher selten geworden. Und nun darf endlich auch «Miss Piggy» aufsteigen. Wieder einmal machen uns die Sensoren zu schaffen. Dabei ist gerade heute die Grenzschicht besonders interessant. Mit zeitlich versetzten Messungen in verschiedenen Höhen wollen wir uns die erforderlichen Daten beschaffen. Kurz nach 22.00 Uhr beenden wir die Messung und verfrachten das Rigg gemeinsam in den Hangar.

Sergeij Lesenkow hat mich heute ganz ernsthaft gefragt, ob ich nicht länger auf NP-35 bleiben möchte. Zumindest hätte er gerne einen gleichwertigen Ersatz für mich.

19. Januar 2008 – 120. Tag,

85.28 N – 88.74 E

Gestern Abend habe ich mich mit den Mechanikern zu einer Beratung zusammengesetzt. Ganz langsam komme ich auch mit meinem Russisch besser zurecht. Keiner der Mechaniker kann auch nur ein Wort Englisch.

Kaum war ich eingeschlafen, wurde ich durch Vasja-Aero geweckt. Es gibt Probleme mit dem Hangar. Wir haben Sturm, bis zu 17 m/s. Das Zelt ist an der Leeseite auf ganzer Länge eingestürzt. «Miss Piggy» ist auch schon fast platt. Ich versuche, so schnell wie möglich den Generator anzuwerfen. Dann stelle ich den Kompressor an und bereits eine Minute später hat sich das Zelt wieder aufgerichtet. Mit dem Sturm war die Temperatur leicht gestiegen. Auch das könnte zu der Havarie beigetragen haben. Der Fesselballon ist durch den Einsturz arg in Mitleidenschaft gezogen worden, zwei Löcher im Pelz und drei weitere in der Finne. Eine Karbonstützstange ist zerbrochen, zwei weitere sind auseinandergerissen. Ich beginne gleich mit den Reparaturarbeiten. Der Ständer unserer Flutlichtlampe ist auch defekt. Den ganzen Tag über stürmt es heftig. Ich nutze die Zeit, um mir ein langes Kabel für die Stromversorgung des Suntrackers zusammenzulöten. Außerdem muss ich die Bedienungsanleitung studieren, bevor ich ihn in Betrieb nehmen und mit dem Kältetest beginnen kann.

20. Januar 2008 – 121. Tag,
85.40 N – 87.02 E

Nach einigen Tagen Sturm können wir heute wieder die Messungen aufnehmen. Kaum steht Vasja mit dem großen Ballon vor dem Zeltausgang, wird er durch eine kräftige Böe erfasst und am Rigg hängend mit Gewalt aus dem Zelt gezerrt. Wir können uns beide vor Lachen kaum noch halten.

Heute ist wieder Banja-Tag. An der Banja muss gearbeitet worden sein, denn trotz des heftigen Sturmes ist der Laden diesmal dicht. Eine spätere Inspektion zeigt mir, dass meine Kollegen den Banja-Teil des Hauses komplett mit einer großen Zeltplane bedeckt haben. Wohlige Wärme umgibt mich im Waschsalon und in der Sauna ist es heiß wie am Äquator. Heute ist zudem großer Wassertag, eine Prozedur, die alle zwei bis drei Tage ansteht, was bedeutet, dass ich meinen Trink- und Waschwasservorrat auffüllen muss. Inzwischen bin ich dazu übergegangen, das Wasser aus Eis aufzubereiten. Das ist effektiver als aus Schnee und auch sauberer. Die herausgeschlagenen Eisbrocken schmelze ich in einem großen Kochtopf auf meinem Ofen.

21. Januar 2008 – 122. Tag,
85.46 N – 85.62 E

Im Moment verläuft die Drift ganz rasant in Richtung Westen, mit einem leichten Dreh nach Norden. Wir befürchten, dass wir auf direktem Wege in die Transpolardrift geraten werden, die uns ziemlich schnell in Richtung Grönland treiben würde. Am Abend mache ich ein paar Tests mit einer Radiosonde. Unsere Sensoren haben mehrfach eine Luftfeuchtigkeit von über 100 Prozent angezeigt. Das kann nicht sein! Dem Hersteller ist das Problem bekannt, wenn auch nicht in dem Ausmaß.

22. Januar 2008 – 123. Tag,
85.54 N – 84.08 E

Mitternacht, ich warte ungeduldig auf meine Ablösung. Die Jungs von der Met-Station haben mir versprochen, herüberzukommen und die nächtliche Ozonsondierung zu erledigen. Heute ist MATCH angesagt und die Forscherehre verlangt, dass der Aufstieg erfolgreich abläuft! Heute Abend kommt Chefmechaniker Sergeij vorbei. Er möchte seiner Frau eine E-Mail schicken. Sergeij erzählt mir, dass die Qualität unseres Diesels extrem schlecht ist. Die Mechaniker haben deshalb ständig Probleme mit den Generatoren. Der einzige Vorteil ist, dass die altgedienten Geräte alles zu fressen scheinen, was irgendwie noch nach Diesel riecht. Vermutlich hätten unsere schönen deutschen High-Tech-Maschinen bei dem Treibstoff ihren Geist schon völlig aufgegeben.

Ganz nebenbei habe ich erfahren, dass über die Crew doch ein recht strenges Regime herrscht, auch wenn das für mich nicht so offenbar zutage tritt. Wer mit Alkoholproblemen auffällt, dem kann nach einer ersten Verwarnung das Gehalt um zwölf Prozent gekürzt werden. Nach einem dritten Vorfall dieser Art geht es bei der nächsten Gelegenheit ab nach Russland. Der gut bezahlte Job ist dann definitiv weg.

25. Januar 2008 – 126. Tag,
85.32 N – 80.79 E

Gestern Abend gab es die Geburtstagsparty für Chefmechaniker Sergeij. Es wurde eine richtig schöne Feier und wir hatten jede Menge Spaß. Nach der Party genehmigte ich mir im Labor noch ein Bier mit Hussein, einem waschechten Kaukasier. Letztes Jahr ist er ins Blaue hinein nach St. Petersburg gefahren, um dort eine Arbeit zu finden. Erst vom Schiff aus konnte er mit seiner Frau telefonieren und ihr mitteilen, dass er nicht nur Arbeit hat, sondern nach der Polarfahrt erst in einem Jahr wieder nach Hause kommen kann. Das gute Gehalt wird seine Familie wohl ein wenig über die lange Wartezeit hinwegtrösten. Trotzdem macht es ihm ganz schön zu schaffen, so lange und so weit entfernt von seiner Familie zu sein. Er war bisher in seiner Heimat als LKW-Fahrer beschäftigt und nie mehr als ein paar Tage von zu Hause weg.

27. Januar 2008 – 128. Tag,

85.36 N – 78.90 E

Die letzten Tage habe ich fast rund um die Uhr gearbeitet und das bei Aussentemperaturen von -35 bis -45 Grad Celsius. Sergeij-Mechanik erzählt mir, dass uns in zwei Wochen ein Helikopter besuchen könnte. Offiziell ist das noch nicht und ich werde es erst glauben, wenn die Mi-8 über unseren Köpfen einschwebt.

28. Januar 2008 – 129. Tag,

85.22 N – 78.83 E

Am Morgen werde ich durch laute Stimmen an meinem Haus aus dem Schlaf gerissen. Nach meiner morgendlichen Sitzung auf dem Gemeinschaftsklo fängt mich Vasja-Aero ab. In der Nacht wurde wieder ein Eisbär gesichtet. Direkt an meinem Ballonzelt! Etwas später erfahre ich auch den Grund für den morgendlichen Krach. Der Eisbär wurde direkt neben der Wetterhütte gesehen, nur zwei Minuten, nachdem Igor dort die Daten abgelesen hatte. Der Bär wurde sofort vertrieben. Die Frage ist nur, wie weit er jetzt wirklich weg ist. In der Dunkelheit der Polarnacht kann man derzeit vielleicht hundert Meter weit sehen.

30. Januar 2008 – 131 Tag,

85.20 N – 78.73 E

Der heutige Arbeitstag beginnt mit einer Ozonsondierung im Rahmen unsere MATCH-Kampagne. Da möchte ich meine Potsdamer Kollegen schon mit richtigen Treffern und ordentlichen Datensätzen bedienen. Mit den Sonden habe ich mir noch ein paar Tricks einfallen lassen. Ich hoffe, dass ich jetzt endlich ein Set konfiguriert habe, bei dem nicht mehr ganz so viele Ausfälle zu erwarten sind. Ich starte das Set im Laufe des Abends in zwei verschiedenen Konfigurationen. Dann mache ich mich auf die Suche nach einem Sondenflügel, der gestern abgefallen ist und irgendwo in der Nähe des Hangars im Schnee liegen muss. Im Strahl meiner Taschenlampe sehe ich plötzlich die Spuren eines großen Bären im Schnee. Ich bin schon einigermaßen verblüfft und folge der Spur. Tatsächlich, der Bär muss in aller Seelenruhe mitten durch die Station marschiert sein, nur zwei Hütten entfernt von mir direkt an der unseres Doktors vorbei.

03. Februar 2008 – 134. Tag,

85.16 N – 77.85 E

Heute habe ich versucht, den Chefs ein paar Details über die Möglichkeiten meiner Abreise zu entlocken. Ein paar Ideen gibt es schon, aber noch keine konkreten Festlegungen. Das ist durchaus verständlich, da die verschiedenen Varianten von den konkreten Eis- und Witterungsverhältnissen abhängig sind. Eine Variante wäre die Ausreise mit einem AWI-Flugzeug. Eine andere Route führt nach Franz-Joseph-Land. Auch das «Camp-BORNEO» (ein Touristencamp mit Polarmuseum am Nordpol) steht immer noch zur Debatte, ist aber wegen der exorbitanten Kosten nur als Notlösung akzeptabel.

Hatten wir gestern Abend auch über die Eisbärengefahr gesprochen? Nach dem Abendessen kommt Alexeij plötzlich auf mich zu und drückt mir einen Karabiner samt Munition in die Hand. Wie selbstverständlich geht er davon aus, dass ich mit der Waffe umgehen kann. Es ist ein Gewehr älterer deutscher Bauart. Ursprünglich wollte ich zwei eigene Waffen zu der Expedition mitbringen, konnte aber nicht mehr klären, ob sie durch den Zoll gekommen wären. Nach meiner Meinung ist das Waffenarsenal hier etwas sehr knapp bemessen. Ein paar Gewehre und Signalpistolen mehr wären angemessen.

08. Februar 2008 – 139. Tag,
85.24 N – 78.12 E

Pünktlich kann ich meine Gäste zum Sonntags-Kaffee-Club empfangen. Während wir beim Kaffee sitzen, will ich den Ofen kurz nachregeln. Er reagiert auf diesen Angriff mit einer satten Verpuffung und überpudert mich mit schmierigem Ruß. Unser Kaffee-Club geht nahtlos in eine Feier über. Wir haben zwei Geburtstagskinder, der Ehrentag vom Chef ist heute und der von Andreij-Mech wird nachgefeiert. Eine nette Party, aber ich muss früh passen. Ich bin Nichtraucher und den dicken Zigarettenqualm in der Kajut Kompanja kann ich auf Dauer nur sehr schwer ertragen.

10. Februar 2008 – 141. Tag,
85.44 N – 77.65 E

Ich muss heute ein neues Gasrack anschließen. Leider hat das Gewinde für den Anschluss des Druckminderers einen Schlag abbekommen. Also schnappe ich mir Schraubenzieher und Messer, um das Gewinde wieder gängig zu machen. Alexeij und Sergeij, die nach Sonnenaufgang die Racks und die Container auf meine Schlitten bugsieren wollen, befürchten einen bewegten Sommer. Wir driften immer noch recht schnell in

Richtung Westen und erwarten deshalb, dass wir im Frühjahr schnell wärmere Gewässer erreichen werden. Das Schicksal von NP-32 und des Sommercamps ist immer noch präsent. Die Aktion erleichtert es, im Notfall die Ausrüstung schnell durch ein Schiff wie die «Polarstern» aufnehmen lassen zu können.

11. Februar 2008 – 142. Tag,
85.58 N – 77.26 E

Ich freue mich schon auf Vasja, der jeden Tag ungefähr zu dieser Zeit bei mir vorbeischaut. Ich glaube bereits, seine Schritte gehört zu haben, doch kurz darauf fallen zwei Schüsse. Der Blick aus dem Haus verrät mir: Eine Bärin und ihr Junges sind eben vom meteorologischen Messfeld vertrieben worden. Ich umkreise das Haus, um nach weiteren Spuren zu suchen. Und tatsächlich, da hat sich doch das Jungtier direkt an meinem Haus zu schaffen gemacht. Später sehen wir, dass es auch den Hangar inspiziert hatte. Das orange leuchtende Zelt scheint ein besonderer Anziehungspunkt für die Petze zu sein. Bereits mehrfach haben wir in seiner Nähe Spuren gefunden. Heute konnten wir die 50. Ozonsonde starten. Das Jubiläum wird mit einer kleinen Feier begangen.

12. Februar 2008 – 143. Tag,
85.68 N – 75.80 E

Nach der langen Polarnacht zeigen sich die ersten Anzeichen der Dämmerung. Ich versuche am Morgen, einige Fotos von der Station zu machen, doch es fällt mir schwer, mit meiner Kamera die Lichtverhältnisse farbgetreu festzuhalten. Viel experimentieren kann ich bei den eisigen Temperaturen nicht.

13. Februar 2008 – 144. Tag,
85.71 N – 73.71 E

Jeden Tag wird es deutlich heller, das Licht scheint immer länger. Leider trübt eine Wolkendecke das Naturschauspiel. Unmengen an Briefen sind abzustempeln. Einen guten Teil dieser Arbeit habe ich meiner eigenen Gutmütigkeit zuzuschreiben. Ich bin zwar selbst kein Sammler, habe aber mit den Philatelisten unter meinen Freunden und Bekannten schon meine Erfahrungen gesammelt. Was das Stammpublikum betrifft, so sind die Sonderwünsche schon vor meiner Abreise sorgfältig notiert worden. Ein guter Freund hat mir berichtet, dass arktische «Katastrophenpost» auf Auktionen besonders hoch bewertet werden soll.

Das W-LAN der Station war ausgefallen. Am Nachmittag versuchte ich mit Sergeij-Aero, bei einer Tasse Kaffee die Verbindungen wieder herzustellen. Vasja rechnete derweil die Sondierungsdaten nach.

16. Februar 2008 – 147. Tag,
85.64 N – 71.33 E

Die Witterungsbedingungen sind ganz gut und so erreichen wir mit dem Fesselballon eine Gipfelhöhe von 687 Meter, unser bisheriger Rekord. Ein paar Stunden später bereite ich noch eine bodennahe Messung vor. Hier ist es meist besonders kalt. Es ist ein wirklich arbeitsreicher Tag, vor allem deshalb, weil ich mich ständig um die Sonden am Fesselballon kümmern muss. Ich bringe das Rigg heute insgesamt vier Mal rauf und wieder runter. Danach geht es wieder an die Datenaufbereitung. Erst gegen drei Uhr in der Früh komme ich in die Koje …

20. Februar 2008 – 151. Tag,
85.62 N – 65,92 E

Gestern habe ich während meines Stationsdienstes einmal wieder hautnah zu spüren bekommen, was passieren kann, wenn Bürokraten für die Stationsversorgung zuständig sind – und nicht der Koch. Die wenigen Frischlebensmittel, wie z. B. Eier oder Gemüse (Obst gibt es überhaupt nicht), waren bereits im Mai 2007 in St. Petersburg von der «Akademik Federow» gebunkert und danach mindestens um die halbe Welt verschifft worden. Erst im September sind sie mit uns auf der Station angekommen. Kartoffeln, Möhren, Kohl, Rote Beete sind also Ernte 2006 – doch wir schreiben bereits das Jahr 2008! Was für den Stationsdienst bedeutet, dass er eine kompostähnliche Masse zu Schälkartoffeln zu verarbeiten hat. Ein 20-Kilo-Sack wirft zwischen einem bis fünf Kilo geschälte Kartoffeln ab. Weitere Einzelheiten erspare ich mir an dieser Stelle. Bald wird es wohl nur noch Nudeln, Buchweizen oder Kartoffelpüree aus der Tüte geben.

Am Ende meines Dienstes in der Kajut Kompanja schlendere ich nach Hause und freue mich schon auf die Banja. Plötzlich traue ich meinen Augen nicht mehr. Am Horizont sehe ich zwei helle Lichter aufscheinen. Wo kommen die denn her – und was ist das? Bin ich inzwischen von Halluzinationen oder der Polarmacke geplagt? Oder sind die Mechaniker mit ihrem Skooter unterwegs? Langsam erheben sich die beiden Lichter etwas über den Horizont und beginnen auch noch zu blinken. Ein Flugzeug ist es, das, zunächst fast lautlos, direkt auf unsere Station zugeflogen kommt. Da ich mitten im Licht eines Flutlichtstrahlers stehe, mache ich mich bemerkbar und winke ziemlich aufgeregt hoch. Die Scheinwerfer der AN-26 blenden kurz auf und ab und ihre Tragflächen wackeln. Ein untrügliches Zeichen dafür, dass mich die Besatzung wahrgenommen hat. Wenige Sekunden später fegt der Flieger der russischen Grenztruppen im Tiefflug über mich hinweg.

Ich war zwar darüber informiert worden, dass demnächst ein Flugzeug die Station besuchen sollte, doch am heutigen Tag hatte niemand von uns damit gerechnet. Der Flieger dreht eine große Kurve über NP-35 und kommt nach einigen Minuten zurück. Wieder fliegt die Maschine mit Gedröhn direkt über die Station hinweg. Ich sehe, wie etwas von Bord geworfen wird und schnell zu Boden schwebt. Und mache mich auf die Suche ... Da ich zu Fuß unterwegs bin, sind unsere Mechaniker mit ihrem Skooter klar im Vorteil. Sie finden das abgeworfene Paket, das an einem kleinen Fallschirm befestigt worden war, sehr schnell. In der Zwischenzeit hat sich fast die gesamte Besatzung von NP eingefunden. Der Flieger dreht eine weitere Runde über die Station, um sich zu vergewissern, dass die Fracht auch angekommen ist. Vereinbartes Zeichen dafür ist, alle Handlampen auszuschalten. Dann dreht die AN-26 ab und setzt ihren Flug in Richtung Norden fort. Dort soll die Maschine zwei russische Abenteurer, die auf dem Wege zum Nordpol sind, mit Lebensmitteln und Brennstoff versorgen. Unter den Augen der gesamten Mannschaft wird in der Kajut Kompanja der Fallschirm abgeknotet und das Paket geöffnet. Als erstes kommt eine Flasche mit Reinsprit zum Vorschein. Sie wird vom Stationsleiter sofort «in Sicherheit» gebracht. Dann kommt ein Stapel russischer Zeitungen (von gestern!) zutage und dazu jede Menge Briefe. Die gesamte Mannschaft wartet bereits ungeduldig auf Briefe aus der Heimat. Sogar für mich ist ein kleiner Stapel Post dabei. Nur Sammlersachen, nichts aus der Kategorie «friends and family». Es war auch nicht zu erwarten, dass irgendjemand private Post über das AARI in St. Petersburg an mich schickt.

Ist es Zufall, dass gerade einen Tag zuvor in der *Moskovskaja Pravda* ganzseitig über die NP-35-Expedition berichtet wurde? Sogar meine Anwesenheit wird dabei erwähnt. Mütterchen Russland denkt also ab und zu an uns. Aber so richtig ernsthaft wohl auch wieder nicht, jedenfalls haben wir auf die dringend erwarteten Ersatzteile für unsere Traktoren, die Generatoren oder die meteorologische Station vergeblich gewartet. Wir sind aber wieder für die Welt erreichbar – ein Gefühl, das im Moment nur wenig zu beruhigen vermag. Denn wie soll man ohne Landebahn an Bord eines Flugzeuges gelangen? Ein geeignetes Stück Eis konnte bisher noch nicht gefunden werden.

21. Februar 2008 – 152. Tag,
85.61 N – 65.57 E

Ich bin nach dem aufregenden Stationsdienst heute erst nach 9.00 Uhr ins Bett gekommen. Nach vier Stunden Schlaf auf dem Notbett im Labor ist die Ruhe beendet und ich muss raus in die Kälte. Die Ozonsondierung duldet keinen Aufschub. Wieder im Labor angekommen, versuche ich, den Wust der eingegangenen E-Mails aufzuarbeiten. Es gab eine Agenturmitteilung zu unserer Expedition, die durch viele deutsche Zeitungen übernommen wurde. Jetzt prasseln weitere Anfragen auf mich ein.

22. Februar 2008 – 153. Tag,
85.62 N – 65.08 E

Gegen 10.30 Uhr hat mich Tageslicht aus dem Schlaf gekitzelt, das durch das Fenster des Labors hereingefallen war. Wegen des kaputten Ofens im Wohnhaus hatte ich wieder einmal auf meiner Notkoje Quartier beziehen müssen. Bis zum Nachmittag befassen wir uns mit der Stationsroutine, dann können Nikita und ich wieder den Fesselballon auflassen. Wegen des starken Windes sind wir vorsichtig und lassen den Ballon nur bis 150 Meter aufsteigen.

23. Februar 2008 – 154. Tag,
85.61 N – 64.23 E
Tag der Streitkräfte

Nikita schmeißt mich kurz vor zehn mit einem Alarmruf aus dem Bett. Wir hatten den Fesselballon über Nacht im Freien schweben lassen. Heute Morgen war ein kräftiger Wind aufgekommen und wir sind gezwungen, das Gerät im Hangar einzuparken. Die Messungen müssen ausfallen und ich hoffe, den Tag etwas ruhiger als sonst angehen zu können. Die letzten Tage waren so hart, dass die komplette Korrespondenz auf der Strecke geblieben ist. Es gibt wieder zahlreiche Presseanfragen abzuarbeiten. Anschließend mache ich noch einige Sonden einsatzbereit. Auch da hat es Rückstände gegeben.

Heute ist bei der Mannschaft Party angesagt. Der «Tag der Streitkräfte» muss zünftig gefeiert werden. Es gibt gegrillten Lachs. Vodka dagegen nicht. Stattdessen wird verdünnter Reinsprit, mit der letzten Flugoperation angekommen, auf den Tisch gestellt. Wirklich gut schmeckt das Gesöff nicht. Ich habe hier schon bessere Mischungen getrunken. Da ich nicht in den russischen Streitkräften gedient habe, kann ich mich heute Abend auch ohne größeren Ansehensverlust von der Party zurückziehen.

26. Februar 2008 – 157. Tag,
85.53 N – 62.32 E

An den Tagen dämmert es jetzt immer länger und heller. Ich bin recht früh wach geworden, erstmalig kann ich im neuen Jahr den Ballon bei Tageslicht aufsteigen lassen. Den Aufstieg dokumentiere ich mit ein paar Videoaufnahmen. Nach der Radiosondierung ist ein zweiter Aufstieg durchführbar. Nach drei Stunden muss das Unternehmen abgebrochen werden, da Wind und Eis den Ballon spürbar zu Boden drücken.

28. Februar 2008 – 159. Tag,

85.57 N – 62.29 E

Zwei Tage sind inzwischen wieder vergangen. Leider ist die gestrige Ozonsondierung fehlgeschlagen, ein Problem mit der Sonde, wir konnten keine Ozondaten empfangen. Der Wind bläst heute unterhalb von 500 Meter so stark, dass an Fesselsondierungen zunächst nicht zu denken ist. Ich verlege den Termin für die nächste Ozonmessung auf Mitternacht. Mir steht damit ein langer Abend bevor. Der Ozonsensor funktioniert wieder, dafür gibt es aber Probleme mit der Erfassung der Winddaten. In den meisten Fällen bemerken wir Defekte erst nach dem Start. Zum Glück hat die Datenaufzeichnung bei den russischen Aerologen heute einwandfrei funktioniert und so kann ich deren Messergebnisse ohne Probleme für mich nutzen. Trotzdem rückt das Bett für mich erst nach vier Uhr morgens in greifbare Nähe.

Heute wechsele ich das Betätigungsfeld und dokumentiere eine Radiosondierung per Video. Als blutiger Anfänger auf diesem Gebiet hatte ich in einem entscheidenden Moment schon mal vergessen, den Aufnahmeknopf zu drücken. Das soll mir nicht noch einmal passieren. Eine Fotosession folgt dann auch noch.

01. März 2008 – 161. Tag,

85.50 N – 60.87 E

Heute ist Banja-Tag! Bis ich mich für ein Stündchen genüsslich in der Sauna räkeln darf, sind aber noch ein paar Arbeiten zu erledigen und damit auch einige Ärgernisse zu überwinden. Ich habe im Labor endlich den Ersatzrechner für die Sondierungen eingerichtet. Die Fesselsondierungen haben meinen Hauptcomputer immer derart belastet, dass er für alle anderen Arbeiten blockiert war. Dabei ist viel Zeit verloren gegangen.

Der erste Versuch, eine Radiosondierung durchzurechnen, schlägt fehl. Ich tippe darauf, dass es Probleme mit der Software gegeben hat, komme aber bei der Suche nach dem Fehler nicht weiter. Erst spät in der Nacht stelle ich fest, dass es am W-LAN-Adapter gelegen hat. Neu eingeschaltet, und schon funktionierten alle Systeme wie am Schnürchen.

02. März 2008 – 162. Tag,

85.50 N – 60.87 E

Ich bin heute relativ zeitig aufgewacht, meine russischen Kollegen sind bereits dabei, den Fesselballon aufzulassen. Sie beherrschen ihr Handwerk inzwischen ganz gut, sodass ich mich um meine eigenen Angelegenheiten kümmern kann. Der Start einer Ozonsonde ist vorzubereiten. Kurz vor meinem Aufstieg bringen die Jungs den Fesselballon herunter. Den ganzen Nachmittag habe ich mit meinen Daten zu tun. Ich muss vor dem Abend mit diesen Arbeiten fertig werden, denn es ist eine Geburtstagsparty angesagt, für Sergej Lesenkow.

06. März 2008, 166. Tag,

85.49 N – 59.95 E

Gestern waren die Bedingungen ideal und zu unserem Glück haben wir den Ballon nach dem Messaufstieg gleich in den Hangar gezogen. Denn heute stürmt es wieder recht kräftig. Ich weiß nicht, was mich gestern noch geritten hat, das Zelt etwas straffer aufzublasen. Vor der Aktion mussten wir den Generator und den Kompressor für ein paar Stunden in das «Wasserstoffhaus» schaffen, denn bei Temperaturen um -40 Grad wollten beide nicht mehr anspringen. Nach der Wärmekur macht der Generator das bereits beim ersten Versuch. Das schwere Teil wird nach altbewährter Methode mit einer

Reißleine angelassen, mit Batteriebetrieb würden wir hier auf absolut verlorenem Posten stehen.

Gestern wurde ich über die ersten konkrete Pläne für meine Abreise von hier informiert. In der zweiten Aprilwoche soll mich die Polar-5, ein Forschungsflugzeug des AWI, abholen. Dafür sind aber noch diverse Vorbereitungen nötig: Eine Landebahn muss gebaut werden, Treibstoffreserven müssen vorhanden sein, die Kommunikation muss sichergestellt werden und wir brauchen Ladelisten für die beiden Frachten. Einige dieser Fragen kann ich schon mal mit Alexeij und Sergeij klären. Ich bin gespannt, mit welchen Ergebnissen das Treffen von Vladimir Sokolov und Klaus Dethloff in der nächsten Woche in Potsdam ausgehen wird.

Der Sturm verschafft mir eine kleine Atempause und ich kann den Arbeitsstau angehen. Doch die Arbeiten ziehen sich heute hin wie Kaugummi. Der Sturm «heizt» die Außentemperatur auf fast -10 Grad auf, fast wie Frühling. Die Öfen spielen verrückt und ich werde in meinem Balog förmlich gebraten.

Am 4. März fand übrigens die 50. Fesselsondierung statt. Damit haben wir jetzt schon das Plansoll erfüllt. Ein halbes Hundert erfolgreiche Messaufstiege, das war die große Hoffnung meines Chefs in Potsdam. Meine etwas vorsichtigere Prognose ist inzwischen deutlich übertroffen worden. Schon jetzt ist klar, dass sich die wissenschaftliche Ausbeute unserer Expedition sehen lassen kann.

07. März 2008 – 167. Tag,

85.56 N – 60.36 E

Kaum habe ich gegen vier Uhr morgens das Licht ausgemacht, werde ich schon wieder durch Vasja geweckt. Der Zelthangar hat wegen des steilen Temperaturanstiegs zu viel Luft abgelassen. Jetzt, da es wieder kälter wird, droht das Zelt in sich zusammenzusacken. Der Generator springt ohne Probleme an und der Hangar ist blitzschnell wieder aufgepumpt. So kann ich bereits eine halbe Stunde später erneut in meine Koje kriechen. Am Nachmittag verlege ich den Suntracker vom Wohnhaus auf das Dach des Labors, in dem auch der Erfassungscomputer steht.

Am Nachmittag haucht der Ofen zum x-ten Mal seinen Geist aus. Ein lautes «Puff», und Schluss mit Lustig. Verstehe das, wer will! Ich starte ihn erneut und er heizt los, als sei zuvor überhaupt nichts geschehen. Zu nächtlicher Stunde ist noch eine MATCH-Sonde angefordert. Ungünstig! Ich bin ziemlich ausgebrannt und wäre heute gerne einmal ein wenig früher schlafen gegangen. Aber die Pflicht des Aerologen ruft unerbittlich. Am Ende bin ich froh, im Freien arbeiten zu können. Der Ofen im Wohnhaus stinkt entsetzlich, als ob er mit altem Fischöl betankt worden wäre.

08. März 2008 – 168. Tag,

85.58 N – 60.65 E

Internationaler Frauentag

Der Internationale Frauentag ist in Russland ein gesetzlicher Feiertag. Und der wird – auch wenn hier nur Männer tätig sind – auf der Station gebührend begangen. Eine Reminiszenz an die daheimgebliebenen Ehefrauen, Freundinnen, Mütter und Töchter. Eigentlich hatten wir uns für diesen Morgen auf den ersten Sonnenaufgang eingestellt, doch die Sonne versteckt sich hinter dicken Wolken und dichten Schneeschwaden. Anstelle des geplanten Freifluft-Grillens wird das Schaschlik ganz profan aus der Pfanne serviert.

09. März 2008 – 169. Tag,

85.48 N – 59.54 E

Wie merkt man auf der Scholle, dass Sonntag ist? Eigentlich gar nicht. Mit an Sicherheit grenzender Wahrscheinlichkeit gibt es zu Sonn- und Feiertagen einen MATCH-Alarm. Wir sind hier schließlich nicht zum Vergnügen. Ein guter Indikator ist vielleicht das Essen. Sonntagmittag stehen immer Soljanka und Hackfleisch mit Makkaroni auf dem Speiseplan, am Abend ein Stück Hähnchen, meist als Keule, und Gemüse direkt aus der Dose. Viel wichtiger für mich ist es dagegen, das traditionelle Kaffeekränzchen am Sonntagnachmittag zu zelebrieren. Sieben Kollegen sind wir heute und keiner von uns möchte als erster gehen. Nur unser pflichtbewusster Exmilizionär Vasja verschwindet pünktlich zum Abendessen. Damit die verbliebenen «Kaffeetanten» nicht darben müssen, kommen Würstchen in den Topf und Bierbüchsen auf den Tisch. Erst spät am Abend ziehen die Jungs von dannen. Ohne es zu ahnen, haben wir damit den Zorn des Kochs auf uns gezogen, denn der mag es gar nicht, wenn man seine Mahlzeiten auslässt. Wenn ein Drittel der Stationsbesatzung sein Essen boykottiert, dann kann er richtig sauer werden.

10. März 2008 – 170. Tag,

85.44 N – 58.98 E

Ich muss zeitig raus, Stationsdienst ... Als ich erwache, scheint bereits die Sonne durch mein Fenster. Endlich! Ein wunderschöner Tag, mit wolkenlosem Himmel. Ich bin nicht der Einzige, der zu so früher Stunde draußen ist. Meine Kollegen dokumentieren den lange ersehnten Augenblick mit ihren Kameras oder stehen einfach nur so da und bewundern die Sonne. So viele Monate ist es her, dass wir unser Klärchen das letzte Mal gesehen haben.

Und ausgerechnet heute ist Banja-Tag, ich komme während meines Dienstes zwar noch dazu, mich selbst zu waschen, meine Schmutzwäsche wird sich bis zu ihrer nächsten Reinigung in ein paar Wochen gedulden müssen.

11. März 2008 – 171. Tag,

85.46 N – 58.67 E

Obwohl ich erst um halb zehn ins Bett gekommen bin, muss ich um 13:30 Uhr schon wieder aus den Federn. Klaus Dethloff erwartet in Potsdam meinen Anruf. Eine Stunde lang besprechen wir die Details unserer weiteren Arbeit. Es ist inzwischen entschieden worden, dass ich meine Zelte hier wie geplant abbrechen werde. Alle Experimente werden beendet und ich erhalte die Anweisung, so viele der teuren Ausrüstungsgegenstände wie möglich mitzunehmen. Irgendwann zwischen dem 7. und dem 13. April soll ich abgeholt werden. Ich bespreche den Sachstand anschließend mit Vasja und Nikita. Meine beiden Arbeitskollegen sind nicht sonderlich begeistert, dass unsere Experimente bald eingestellt werden sollen.

Ein ernster Zwischenfall schlägt uns auf das Gemüt. Einer unserer Hydrologen ist bewusstlos aufgefunden und wahrscheinlich von einem Schlaganfall getroffen worden. Um ihn retten zu können, muss er spätestens morgen ausgeflogen werden.

12. März 2008 – 172. Tag,

85.49 N – 58.15 E

In den letzten Stunden wurden alle Hebel in Bewegung gesetzt, um das Leben unseres Kollegen zu retten. Kurz vor sieben schwebt ein Helikopter über NP-35 ein. Um seinen Abflug nicht zu gefährden, habe ich in der Nacht die Anweisung erhalten, den Fesselballon in den Hangar zu ziehen. Was aber viel wichtiger ist: Der erkrankte Kollege konnte stabilisiert werden und er ist auch transportfähig. Er wird über Nagurska auf Franz-Joseph-Land nach Murmansk geflogen, wo er gegen 15.00 Uhr eintreffen soll. Eine derartige Rettungsaktion in kaum mehr als 24 Stunden erfolgreich abzuschließen, ist eine logistische Meisterleistung. Beruhigend zu wissen, dass eine derartige Rettungsaktion möglich ist, wenn auch niemand hofft, dass ein solcher Einsatz notwendig sein wird. Wie sich später herausstellt, hatte der Kollege keinen Schlaganfall, sondern einen schweren Kreislaufkollaps aufgrund einer Vergiftung mit Kohlenmonoxid erlitten.

13. März 2008 – 173. Tag,

85.52 N – 57.49 E

Ich versuche, den Suntracker einzurichten. Das Gerät dient dazu, ein anderes Messinstrument ständig auf die Sonne auszurichten. Leider funktioniert es nicht. Der Tracker reagiert nicht auf die Sonne, die fahlgelb hinter dem Dunst erscheint. Um damit weiterzukommen, ist eine Nachfrage beim Hersteller notwendig. Da das Wetter gut ist, kann ich bis zum Mittag noch «Miss Piggy» auflassen. Am Nachmittag bestücke ich den Fesselballon mit einer Ozonsonde. Die Konzentration des Gases in Boden- oder Eisnähe ist zur Zeit merkwürdig gering. Das schreit förmlich nach genaueren Untersuchungen. Am Abend erscheint Vasja-Aero und lädt mich zu einer kleinen Party ein. Die russischen Kollegen wollen ihre 300. Radiosondierung feiern.

14. März 2008 – 174. Tag,

85.52 N – 56.61 E

Endlich kann ich die Probleme mit dem Suntracker lösen. Potsdam wird mit Sonnenphotometermessungen und Daten über atmosphärisches Aerosol versorgt. Aerosole sind ein sehr wichtiger klimarelevanter Faktor in der Atmosphäre. Da die Datenübertragung und -aufzeichnung der Messungen weitgehend automatisch erfolgt, kann ich mich in der Zwischenzeit im Umkreis der Station auf eine Foto- und Videopirsch begeben. Die Sonne scheint und das Wetter ist hervorragend, wer weiß, wie viele Gelegenheiten sich noch für gute Aufnahmen ergeben werden.

15. März 2008 – 175. Tag,

85.51 N – 55.61 E

Ich habe mich mit Sergeij Lesenkow auf ein Interview verabredet. Ich möchte ihn mit meiner Videokamera bei seiner Arbeit begleiten. Ganz nebenbei gelingen mir noch ein paar nette Schnappschüsse, wie die russischen Mechaniker ihren Trecker «anzünden». Das Zünden des Gasbrenners unter dem Treckermotor ist bei Temperaturen um die -40 Grad notwendig, um die Maschine soweit zu erwärmen, dass der Motor angelassen werden kann. Außerdem gelingen mir sehr schöne Aufnahmen vom Aufstieg einer Ozonsonde.

16. März 2008 – 176. Tag,

85.46 N – 54.42 E

Da ich gestern etwas früher als üblich eingeschlafen bin, wache ich am Morgen auch zeitiger auf. Die Sonne scheint zwar, dennoch ist die ganze Umgebung recht trübe. Aufgrund der speziellen Lage haben wir Smog, auch Arctic-Haze (Arktischer Dunst) genannt. Ich habe dieses Phänomen auf meinen früheren Expeditionen schon mehrfach beobachten können. Es passt wie die Faust aufs Auge, dass das Sonnenphotometer seit vorgestern betriebsbereit ist. Beim Arctic-Haze wird der Smog, der vorwiegend in den euroasiatischen und nordamerikanischen Industriegebieten entsteht, in den hohen Norden transportiert. Hier sammelt er sich und reichert sich, bedingt durch die besonderen Schichtungen in der Atmosphäre, sogar auf längere Zeit an. Die Zirkulation des Smogs und seine Auswirkungen auf die polare Region sind bislang weitgehend unerforscht. Spektakulär ist dieses Phänomen auf jeden Fall, obwohl die Sonne schon recht hoch steht, ist die Luft über dem Horizont tiefrot eingefärbt.

17. März 2008 – 177. Tag,
85.41 N – 53.35 E

Die Expedition neigt sich langsam ihrem Ende zu. Früher als sonst muss ich aufstehen, um neben der Tagesroutine Schritt für Schritt meine Abreise vorzubereiten. Heute war das Essen kaum genießbar, mittags gab es Buchweizen mit Rindfleischstücken und am Abend Mischgemüse mit Leber. Ich greife auf meine letzten Reserven zurück, aber selbst ein deutsches «Markenprodukt» will mir heute nicht so richtig schmecken. Schon mehrfach habe ich mich im Stillen gefragt, ob die Firmenchefs ihre eigenen hochgelobten Produkte schon einmal selbst probiert haben!

Rückzug von der Scholle

Bereits seit mehreren Wochen arbeitet ein Teil der Mannschaft angestrengt an der Präparierung einer Landebahn für die Station. Mit fast 1300 Meter Pistenlänge war sie bereits so gut wie vollendet. Bei meiner ersten Besichtigung hatte sich mir die von Schneewehen und Eisbuckeln befreite Bahn noch in voller Länge präsentiert. Kaum war ich fort, gab es den ersten Abbruch. Rund um die halbe NP-Scholle trennte sich das Neueis vom Alteis ab. Schnell war eine eisfreie Spalte von bis zu 100 Meter Breite entstanden. Ein spektakulärer Anblick … Aus der offenen Wasserfläche scheint schwarzer Rauch aufzusteigen. Der schwarz-graue Vorhang lässt den freien Blick auf den Horizont verschwimmen. Es ist aber nur Wasserdampf, der bei einer Temperaturdifferenz von fast 40 Grad aus dem relativ warmen Wasser heraus in die eiskalte Atmosphäre entweicht. Durch den Eisabbruch ist das Nordende unserer Landebahn glatt um 200 Meter verkürzt worden. Das ist unschön, wäre aber noch nicht besonders problematisch. Doch das Pech verfolgt uns weiter. Nun bricht das Eis am Südende der Landebahn auf und ein Spalt von einem halben Meter tut sich auf. Von den ursprünglich 1300 Metern bleiben nur noch 900 Meter übrig. Die Lage ist damit kritisch geworden. Für die Landung unserer Polar-5, ein zweimotoriges Flugzeug vom Typ Basler BT-67, waren ursprünglich 1400 Meter Pistenlänge eingefordert worden. Die Situation muss mit der Flugeinsatzleitung und den Piloten geklärt werden. Da wir von weiteren Eisbrüchen verschont bleiben, entscheidet der Stationsleiter, den zweiten Riss zu reparieren. In mühseliger Arbeit werden große Eisziegel bis zu einem Meter tief in den Spalt geschoben, um ihn zu verschließen. Bereits einen Tag später ist das Werk gelungen und die Lücke bis auf eine schmale Narbe im Eis gut zugefroren. Um dem AWI den Status melden zu können, nehme ich die Piste selbst in Augenschein. Die Sache sieht sehr gut aus und ich mache mich beruhigt auf den Rückweg. Doch bereits zum Abendessen erhalte ich von den Mechanikern eine neue Hiobsbotschaft. Der Spalt hat sich erneut geöffnet, diesmal auf bis zu zehn Metern. Bei dieser Breite ist der Spalt nicht mehr zu kitten. Wieder bleiben uns nur noch 900 Meter Piste übrig. Von der Einsatzleitung aus wird dennoch erwogen, die Polar-5 landen zu lassen.

Das Wochenende liegt vor uns, ich darf meinen hoffentlich letzten Stationsdienst schieben. Nach all der langen Zeit ist es mir erstmalig gelungen, den Koch aus seiner Küche zu vertreiben und selbst ein Essen zuzubereiten. Na ja, so richtig vertrieben habe ich den lieben Shenja natürlich nicht. Er lässt mich aber gewähren und packt auch mit an, wenn dies nötig wird. Sichtlich genießt er die kleine Entspannung vom alltäglichen Stress am Kochtopf. Schon lange habe ich mir vorgenommen, einmal für die ganze Mannschaft zu kochen. Obwohl die Möglichkeiten vor Ort sehr beschränkt sind, gelingt es mir, den Jungs ein gutes Essen aufzutischen. Ich kann es mir kurz vor dem Abflug auch leisten, meine Lebensmittelreserven an die kulinarische Front zu werfen. Ein kleines Menü aus Florentiner Tomatensuppe und Spaghetti mit Tomaten-Schinken-Soße soll den etwas eintönig gewordenen Speiseplan auflockern. Obwohl es eigentlich ein ziemlich einfach herzurichtendes Gericht war, würden mich viele meiner Mitarbeiter am liebsten sofort als Koch hierbehalten. Selbst die Reste der Mahlzeit werden aufgehoben und nicht, wie ansonsten üblich, an unsere beiden Hunde verfüttert. Das ehrt mich, dennoch wäre der Job des Kochs nicht unbedingt die Aufgabe, die ich gerne jeden Tag erfüllen möchte.

Am Sonntag steht eine weitere Inspektion des Flugfeldes an. Sergeij-Mechanik holt mich beizeiten ab. Wieder erwartet uns eine böse Überraschung. Am südlichen Ende der Landebahn hat sich erneut ein Riss aufgetan. Sie hat weitere 200 Meter Länge verloren. Ich bin einigermaßen bestürzt, denn auf einer 700 Meter langen Rollbahn ist eine Landung des AWI-Flugzeugs nicht mehr denkbar. Unverzüglich melden wir die Lage an die Zentrale in Potsdam, den Chef und die Crew der Piloten. Noch auf dem Rückweg vom Rollfeld werde ich auf einen weiteren Zwischenfall aufmerksam gemacht. Bereits in der Nacht hatte sich ein Spalt direkt unter dem Haus unsres Hydrochemikers, das sich am östlichen Rand der Station befand, aufgetan. Der Riss verlief diagonal unter dem Haus entlang, war aber zum Glück nur ein paar Zentimeter breit, so dass das Balog in den frühen Morgenstunden mit einem Trecker aus dem Wasser gezogen werden konnte.

Am Nachmittag ruft mich mein Chef an. Er avisiert mir ein Flugzeug, das herkommen und mich samt meiner Fracht aufpicken soll. Meine Stationsleitung weiß jedoch von nichts. Sie muss sich zur Klärung der Details erst einmal mit St. Petersburg in Verbindung setzen. Am Nachmittag wird dann klar, dass am Montag ein russischer Flieger zur Station kommen soll. Er soll mich nach Camp BORNEO bringen und dort zunächst absetzten. Wie es vom Eiscamp aus weitergehen soll, ist noch unklar. Absolut cool! Eineinhalb Tonnen Fracht sind bis zum nächsten Morgen transportfähig zu machen. Mir steht auf jeden Fall eine lange Nacht bevor. Langes Sinnieren bringt nichts, ich krempele die Ärmel hoch und los geht's. Meine Kollegen von der Meteorologie und der Aerologie helfen mir spontan beim Abbau der Anlagen und beim Packen diverser Kisten. Spät am Abend taucht dann Stationsleiter Lesenkow auf und teilt mir mit, dass der Flug nicht stattfinden wird. Ich stelle die Arbeiten ein. Obwohl es inzwischen weit nach Mitternacht ist, entschließe ich mich zu einem letzten Gang in die Banja.

Am Montag laufen dann Telefone und E-Mail-Accounts heiß. Angesichts der Eislage müssen die Risiken einer Landung sehr gründlich abgeschätzt werden. Da der Spalt auf der Piste nur wenige Zentimeter breit ist, sehen die polarerfahrenen Piloten gute Chancen, doch noch landen zu können. Von möglichst vielen Seiten wird Rat eingeholt. Dann steht fest, eine Landung wird möglich sein! Natürlich nur unter der Bedingung, dass sich die Situation an der Piste nicht plötzlich wieder verschlechtert. Der Dienstag sieht mich schon wieder auf dem Flugfeld, für eine genauere Bestandsaufnahme. Ich bin aufgefordert worden, einen detaillierten Lageplan anzufertigen. In der kommenden Woche soll mit der Polar-5 der Versuch unternehmen werden, hier zu landen. Für dieses Unternehmen wird sogar noch ein kanadischer Pilot angeheuert, der ein Spezialist für Landungen auf zerbröselten Eispisten sein soll. In mir keimt wieder Hoffnung auf und beflügelt meinen Arbeitseifer beim Abbau der Gerätschaften. Zwischendurch müssen die Planungen immer wieder präzisiert und neue Details geklärt werden. Ein weiteres Mal begebe ich mich hinaus zum Rollfeld. Um die Landung abzusichern, sind Eisdickenmessungen an relevanten Punkten der Rollbahn erforderlich. Der Pilot benötigt diese Daten, um sich ein möglichst exaktes Bild über den Zustand der Rollbahn machen zu können. Mit einem Handbohrer beginne ich, mehrere Sondierungslöcher in das mehr als einen Meter dicke Eis zu bohren. Insgesamt sind sechzehn Sondierungen vorzunehmen. Dankbar nehme ich nach kurzer Zeit das Hilfsangebot von Chef Alexeij und Chefmechaniker Sergeij an. Diese Art von Arbeit erweist sich für mich als ungewohnt hart. Die Eisdickenmessungen geben den letzten Ausschlag für die Entscheidung, mich in Kürze von der Scholle abzuholen. Am Montag, den 7. April, wird sich die

Polar-5 von Kanada aus in Richtung Spitzbergen in Marsch setzen, um am 10. April den ersten Versuch einer Landung auf der NP-Piste zu unternehmen. Die Planungen gehen plötzlich sehr schnell voran. Sogar meine Tickets von Spitzbergen nach Deutschland sind bereits gebucht.

Nun wird es wieder ernst mit der Packerei. Ich setze meine Stauarbeiten fort. Zunächst muss ich entscheiden, welche Teile meiner Ausrüstung auf der Scholle verbleiben sollen, um von dort später durch ein Schiff abgeholt zu werden. Dazu gehören das Zelt, der Wärmeofen und die Gasracks. Meine russischen Kollegen können mit dem restlichen Ballongas ihre Routinesondierungen weiterführen. Ein paar Kisten mit Verbrauchsmaterialien wie Kabeln und Seilen sowie meine «Survival-» und «Fieldparty-Kiste» werden auch zurückbleiben. Stationsleiter Alexeij sichert mir zu, dass die Gasracks und die Container unverzüglich nach meiner Abreise auf Schlitten verfrachtet werden.

Erstmalig können wir den Schlitten sinnvoll einsetzen. Er nimmt meine Fracht auf. So kann diese mit dem Traktor relativ einfach zum Flugfeld gebracht werden. Der Stapel auf dem Schlitten wird mit jedem Tag größer. Dafür werden meine Container sichtlich leerer. Aber so einfach will mich die Arktis nicht aus ihren Fängen entlassen. Ein kleiner Sturm weht mir die halbvoll gepackten Kisten wieder zu. Inzwischen ist es aber für mich zu einer der leichtesten Übungen geworden, diese wieder auszugraben. Was bleibt, sind die Sorgen um den Zustand der Landebahn. Eine weitere Inspektion ergibt jedoch nichts Neues, was in diesem Falle eine gute Nachricht ist. Der verbliebene Spalt konnte sogar noch einmal repariert werden. Er wurde verfüllt, die überstehenden Kanten dann geglättet. Somit stehen uns nun wieder 900 Meter exzellent präparierte Piste zur Verfügung. Alle einhundert Meter wurden Bahnmarkierungen angebracht.

Und dann waren die Russen mit ihrer Maschine doch noch schneller als das AWI! Am 8. April 2008 um 3.00 Uhr Moskauer Zeit landete eine AN-72 Transportmaschine auf NP-35. Zwei russische Kollegen verlassen die Station, zwölf Männer verstärken die Besatzung. Nach russischer Sitte wird die Ankunft zünftig begossen. Mit einigen Mühen gelingt es mir, meine Expeditionsleitung am Abend zu einem letzten Vorbereitungsgespräch einzuladen. Bereits in zwei Tagen soll die Polar-5 einfliegen, weshalb bereits am nächsten Tag Treibstoff und Fracht zum Flugfeld zu bringen sind. Was am nächsten Tag auch tatsächlich passiert. Ich inspiziere bei dieser Gelegenheit gleich noch einmal die Piste. Es sieht alles sehr gut aus. Für das Landemanöver ist es extrem wichtig, alle Kommunikationskanäle auf ihre Funktionsbereitschaft zu testen. So nehme ich direkten Kontakt mit der Polar-5 auf, die sich gerade auf dem Weg nach Longyearbyen befindet, und führe ein erstes Telefonat mit dem kanadischen Chefpiloten Brian Burchartz. Inzwischen ist auch unser Flugkoordinator Heinz Finkenzeller, mit dem ich bereits seit früheren Kampagnen freundschaftlich verbunden bin, in Longyearbyen eingetroffen. Er übernimmt dort die Rolle des Quartiermeisters und koordiniert alle flugrelevanten Aktivitäten. Da in Longyearbyen im Frühjahr touristische Hochsaison ist, erweist es sich als sehr schwer, so kurzfristig Hotelzimmer für die Crew und mich zu ergattern. Dem alten Fuchs gelingt es jedoch, auch diese Klippe für meine Rückreise zu umschiffen.

Derweil bricht meine voraussichtlich letzte Nacht auf der Station an. Ein paar meiner russischen Freunde finden sich bei mir ein. Ich habe es tatsächlich geschafft, meine Bierreserven bis zu diesem Ereignis zu strecken und natürlich dürfen auch das obligatorische Glas Vodka und Glas guten Cognacs bei der Verabschiedung nicht fehlen. Kurz nach Mitternacht sitze ich dann mutterseelenallein auf meinen gepackten Taschen und

Kisten. Das Wetter hatte sich im Laufe des Tages ein wenig eingetrübt. Als ich mir gegen 1.30 Uhr ein letztes Mal die Decke über die Ohren ziehe, klart es aber bereits wieder auf.

Am Morgen stehe ich sehr zeitig auf, um den Flugbetrieb zu organisieren. Als allererstes müssen unsere aktuelle Position und die Wetterverhältnisse übermittelt werden. Böse Überraschung! Das Wetter ist wieder deutlich schlechter geworden, tief liegende Wolken und ein wenig Schneefall treiben mir die Sorgenfalten auf die Stirn. Die sofort eingeholte aktuelle Wettervorhersage verspricht keine deutliche Verbesserung der Lage. Ich telefoniere kurz mit Brian. Der nimmt die Situation einigermaßen gelassen. Die Wolkenuntergrenze von 500 Meter bereitet ihm kein großes Kopfzerbrechen. Die Sichtverhältnisse möchte er vor Ort in Augenschein nehmen. Wir vereinbaren ein weiteres Telefonat für ungefähr eine Stunde vor der Ankunft. Also begebe ich mich zum Flugfeld zu einer letzten Inspektion. Dort sieht alles bestens aus. Nach dem Frühstück wird die Wolkendecke deutlich dünner und die Sonnenstrahlen beginnen, sich durch die Wolken zu kitzeln. Ein echter Lichtblick! Die Ankunftszeit der Polar-5 ist für 14.30 Uhr berechnet. Da bleibt mir sogar noch Zeit für ein letztes Mittagessen in der Kajut Kompanja. Dann begibt sich der erste Teil der Stationsbesatzung zum Flugfeld. Bis auf drei Leute der Überwinterungsmannschaft, die Dienst auf der Station schieben müssen, werden sich später alle Männer auf dem Flugfeld zu meiner Verabschiedung einfinden.

Ich fahre ein allerletztes Mal die Piste ab, um sicherzustellen, dass sich keine Hindernisse auf der Rollbahn befinden. Und tatsächlich, pünktlich um 14.30 Uhr ist der Landescheinwerfer der Polar-5 am Horizont auszumachen. Bereits drei Minuten später setzt die Maschine sicher auf der Rollbahn auf. Eine Minute später kann sie auf der Parkfläche die Motoren auslaufen lassen. Mir fällt ein Stein vom Herzen, und die Anspannung die letzten Tage verliert sich innerhalb von wenigen Augenblicken. Erstmalig in der Geschichte der Polarforschung landet ein deutsches Forschungsflugzeug auf einer Eisscholle, um eine russische Driftstation zu besuchen. Ein historischer Augenblick. Herzlich begrüße ich die Crew. Sofort geht es ans Entladen der mitgebrachten Frischwaren. Ich hatte auf Veranlassung meines Chefs ein Sortiment an frischem Obst und Gemüse für die Station bestellt. Nach dem langen Winter ist die unerwartete Lieferung mehr als willkommen. Dann wird meine Fracht verladen und in der Maschine flugsicher festgezurrt. Da die Lage ruhig und sicher ist, nimmt die Crew gerne die Einladung des Stationsleiters an und besucht vor dem Abflug noch die russische Station. Ein kurzer Rundgang, ein letzter Abschiedstee in der Kajut Kompanja, und dann wird bereits zum Abflug gerüstet. Ich verabschiede mich von all meinen Kollegen, mit denen ich die letzten Monate auf der Station verbracht hatte. Es ist ein Abschied, der weder mir noch meinen Mitstreitern leichtfällt. In diesen harten Monaten sind wir sehr gute Freunde geworden. Um 16.30 Uhr Moskauer Zeit hebt die Polar-5 in Richtung Longyearbyen von der NP-35-Landepiste ab. Aus dem Flugzeug heraus kann ich sehen, wie zertrümmert die Eisflächen um NP-35 herum sind. Auch noch im Nachhinein bin ich unserem Stationsleiter Alexeij dankbar für die exzellente Wahl dieses Fleckchens Eis. Gute zwei Stunden später, die Flugstrecke beträgt exakt 758 Kilometer, setzen wir bei schönstem Sonnenschein in Longyearbyen auf.

Auf dem Rollfeld empfängt mich mein Kollege Markus Rex, der eigens dazu abgestellt worden war, mir in Longyearbyen bei der Frachtabwicklung zu helfen. Auch mein Freund Heinz lässt es sich nicht nehmen, mich persönlich in Empfang zu nehmen. Endlich zurück in der Zivilisation! Ich nehme kaum wahr, dass ich im besten Hotel am Platze untergekommen bin.

In meinem Zimmer angekommen, reiße ich mir die Klamotten vom Leib und springe, kaum dass das heiße Wasser eingelaufen ist, in die Badewanne. Wie viele Monate lang habe ich von diesem Moment geträumt. Viel Zeit bleibt mir allerdings nicht, denn für eine Stunde später ist bereits das Abendessen angesetzt. Erst nachdem ich mich frisch gebadet in meine neuen Klamotten geworfen habe, stelle ich fest, wie mörderisch ich nach Schweiß, Diesel und Ruß gestunken haben muss. Am liebsten möchte ich das getragene Zeug gleich in einen Ofen stecken, aber das geht natürlich nicht. Eine gründliche Maschinenwäsche wird es später auch tun müssen.

Vor dem abendlichen Dinner im Restaurant steht mir eine Überraschung bevor. Eine alte Freundin, die nun in Longyearbyen an der Universität arbeitet, unser AWI-Stationsleiter auf Spitzbergen sowie ein paar meiner norwegischen Freunde finden sich auch noch ein. Ich bin überwältigt und fühle mich schon fast wieder wie zu Hause.

Meine Weiterreise nach Deutschland ist erst für den kommenden Sonntag vorgesehen. Nach einer Zwischenlandung in Kopenhagen schwebe ich am Sonntagnachmittag pünktlich über Berlin-Tegel ein. Ich bin – allerdings ohne mein Gepäck – wieder heil in der Heimat angekommen.

Mein Ärger über den Gepäckverlust verfliegt in dem Moment, als ich die Abfertigungshalle vom Flughafen Tegel verlasse. Fast all meine Potsdamer Kollegen stehen mit Transparenten, Fähnchen und Luftballons in der Empfangshalle. Sogar meine Verwandten aus Berlin haben Wind von der Ankunft bekommen und begrüßen mich herzlich. Meine Kollegen haben für die Rückkehr einen Pokal anfertigen lassen. Er wird mit Sekt gefüllt und ich darf ihn auf das glückliche Ende meiner Mission leeren. Damit geht für mich eine lange Reise zu Ende. Acht spannende Monate liegen hinter mir, voll von Herausforderungen und unerwarteten Wendungen, immer voller Spannung und Arbeit und manchmal auch ein kleines bisschen abenteuerlich. Wie wertvoll meine Arbeit für die Wissenschaft tatsächlich war, wird sich bei der Auswertung der Daten in den nächsten Monaten herausstellen.

NP-35 war die größte Herausforderung, der ich mich bislang in meinem Arbeitsleben gestellt habe. Die Reise führte mich hinauf bis zum 89. Breitengrad. Vom Start der Station bis zum meinem Abflug legte die Scholle eine Wegstrecke von 1857 Kilometern zurück. In der Luftlinie waren es immerhin noch 876 Kilometer. Es wird nicht meine letzte Expedition in arktische Regionen gewesen sein, bereits in vier Wochen erwarten mich meine Kollegen auf Spitzbergen – und ich könnte mir gut vorstellen, dass Wissenschaftler aus dem Alfred-Wegener-Institut im Polarjahr 2007/8 nicht das erste und letzte Mal an einer russisch geführten Drifteisexpedition teilgenommen haben. Entsprechende Projekte für das Jahr 2009 existieren schon und befinden sich bereits in der Planung. Wie kommt es nur, dass ich dafür – selbst wenn sie mit einer erneuten Überwinterung verbunden sein sollten, schon meine Teilnahme zugesichert habe?

Epilog

Nach meinem Abflug von NP-35 driftete das Eisfeld, auf dem sich die Station befand, mehrere Wochen weiter straff in südliche Richtung und näherte sich dem nordöstlichen Zipfel von Spitzbergen bis auf etwa achtzig Kilometer. Während dieser Zeit wurden die Eisverhältnisse immer ungünstiger. Die Basisscholle zerbrach in mehrere Stücke, für die NP-35 verblieben am Ende nur noch 600 Meter. Die für diese Region im Sommer typischen Wetter- und Eisbedingungen (Temperaturen um den Gefrierpunkt, starker Nebel) zwangen die Expeditionsleitung, die Station aus Sicherheitsgründen gut einen Monat eher als ursprünglich geplant aufzugeben. Am 8. Juli 2008 legte das Forschungsschiff «Michail Somow» in Archangelsk mit Kurs auf NP-35 ab. Im Kielwasser des russischen Atomeisbrechers «Arktika» erreichte der Bergungsverband die Station bei ruhigem Wetter ohne größere Schwierigkeiten. Am 13. Juli stellte die Expedition den hydrometeorologischen Messbetrieb auf NP-35 ein. Die «Polarniks» und ihre zwei vierbeinigen Begleiter wurden von der «Michail Somow» an Bord genommen. Nach 298 Drifttagen und 2502 Driftkilometern wurden die Flaggen der Russischen Föderation und der Stadt St. Petersburg feierlich eingeholt. Die komplette Demontage der Station und ihr Transport per Hubschrauber auf die Schiffe nahmen einen weiteren Tag in Anspruch. Am 16. Juli legte der Bergungsverband von der Eiskante ab, am 21. Juli 2008 konnten meine russischen Freunde im Hafen von Archangelsk wohlbehalten ihren Fuß an Land setzen.

Driftplot

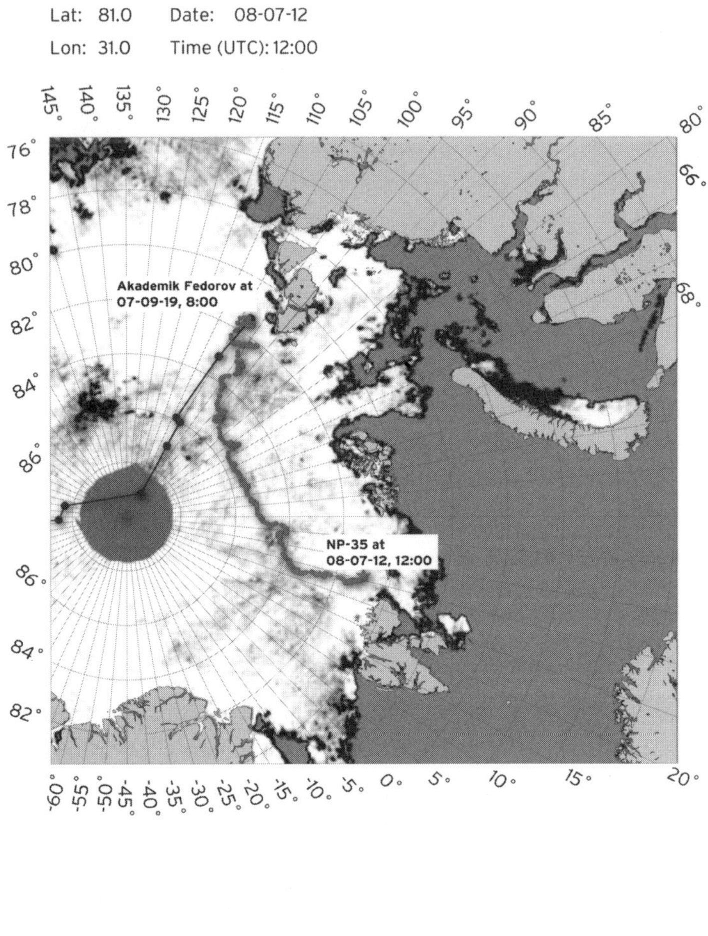
Lat: 81.0
Date: 08-07-12
Lon: 31.0
Time (UTC): 12:00
Akademik Fedorov at
07-09-19, 8:00
NP-35 at
08-07-12, 12:00